Friedrich Kummer
(Herausgeber)

Bronchiale Hyperreaktivität und Entzündung

Springer-Verlag Wien New York

Prim. Univ.-Prof. Dr. Friedrich Kummer
2. Medizinische Abteilung mit Lungenkrankheiten und Tuberkulose
Wilhelminenspital, Wien, Österreich

Mit 11 Abbildungen

CIP-Titelaufnahme der Deutschen Bibliothek

Friedrich Kummer:
Bronchiale Hyperreaktivität und Entzündung/
Friedrich Kummer (Hrsg.).—Wien; New York:
Springer, 1989.
ISBN-13: 978-3-211-82126-8   e-ISBN-123: 978-3-7091-9034-0
DOI: 10.1007/978-3-7091-9034-0
NE: Kummer, Friedrich [Hrsg.]

ISBN-13: 978-3-211-82126-8

Geleitwort

Wir haben unser Thema dem gemeinsamen Nenner gewidmet, auf den das Asthma oder die Hyperreaktivität des Bronchialsystems gebracht werden können, nämlich auf den Faktor der Entzündung.

Die Entzündung ist bisher morphologisch definiert mit ihren Manifestationen als Hyperämie (Schwellung — Rötung), Schmerz und gestörte Funktion. Im Bronchialsystem ist die gestörte Funktion durch den Bronchospasmus weit in den Vordergrund gerückt, gefolgt von der Hyperämie und der pathologischen Schleimsekretion. Diese Entzündung wird durch Mediatoren bewirkt und unterhalten, die bei den verschiedenen Asthmaformen eine auffallende Ähnlichkeit aufweisen. Nicht zuletzt deswegen hat D. Nolte erst jüngst vorgeschlagen, die Entzündung in den Wortlaut der Definition des Asthma bronchiale einzuschließen. In dem vorliegenden Buch sind die Referate aus dem II. Wiener Asthmaforum (1. und 2. Juni 1988) wiedergegeben, das sich die Rolle der Entzündung beim Zustandekommen der Hyperreaktivität und ihrer Selbstperpetuierung zur Diskussion gestellt hat.

Die einzelnen Autoren versuchen dabei herauszuarbeiten, wo die Ähnlichkeiten und Differenzen zwischen der allergischen, toxischen, neuralen und infektiösen Mediatorenfreisetzung liegen.

Das Thema wird abgerundet durch einen Überblick über die alveolaren Zellbestandteile beim Asthmaanfall und die Erörterung des anstrengungs-induzierten Asthma.

Es ist gewiß Zukunftsmusik, aus den dargelegten Pathomechanismen gleich auf konkrete Therapieansätze schließen zu wollen. Mindestens zwei Therapieprinzipien scheinen einen hohen Rang einzunehmen und weiter zu behalten, nämlich die inhalativen Steroide und die Protektion der Mastzelle durch Dinatrium Cromoglykat.

Wien, im Februar 1989 *F. Kummer*

Inhaltsverzeichnis

Die Rolle der Entzündung in der Pathogenese der bronchialen Hyperreaktivität

D. Nolte

II. Medizinische Abteilung des Städtischen Krankenhauses,
Bad Reichenhall, Bundesrepublik Deutschland

Einleitung

Bronchiale Hyperreaktivität und Entzündung sind Bestandteile der Asthmadefinition: „Asthma ist eine variable und reversible Atemwegobstruktion infolge Entzündung und Hyperreaktivität" [1]. Die folgenden Ausführungen gelten der Frage, ob Entzündung und Hyperreaktivität unabhängig voneinander existieren oder ob zwischen ihnen eine kausale Beziehung besteht — nämlich in dem Sinn, daß die Hyperreaktivität erst als Folge einer Entzündung aufzufassen ist.

Klinisch äußert sich die bronchiale Hyperreaktivität des Asthmatikers in einer überschießenden Reaktion auf thermische Reize (kalte Luft), mechanische Reize (Staub), osmotische Reize (destilliertes Wasser), chemische Reize (O_3, SO_2, NO_x) oder pharmakodynamische Reize (Histamin, Acetylcholin, Metacholin, Carbachol, Prostaglandine, Leukotriene, Betarezeptorenblocker); viele Patienten, besonders Kinder, reagieren auch schon auf stärkere körperliche Belastung („exercice-induced bronchoconstriction").

An der Pathogenese der bronchialen Hyperreaktivität sind eine

Fülle verschiedener Faktoren beteiligt. Dennoch hoffen immer noch viele Autoren auf ein sequentiell-hierarchisches System und suchen krampfhaft nach einem einzelnen Pathomechanismus, der die bronchiale Hyperreaktivität des Asthmatikers für sich allein erklären soll (neuere Übersicht [2]).

Es gibt seit langem Verfechter der Reflextheorie, die man als Neuroniker bezeichnen könnte (nicht etwa als Neurotiker, einem überholten und falschen Etikett des Asthmapatienten). Auf der Gegenseite steht die Majorität der Humoristen, die allein humorale Faktoren für ausschlaggebend halten. Statt einer Vereinigung im Sinne einer „neurohumoralen Synthese" hat in den letzten Jahren eine weitere Zersplitterung stattgefunden: Es gibt die Mediatoristen und die Rezeptoriker, die Myometabolisten und die Inflammatiker. Unter letzteren gibt es wiederum die Mastozytiker, die Eosinophilisten, die Neutrophilisten, die Makrophagiker und die Epithelialisten [3].

Die bronchiale Hyperreaktität betrifft den ganzen Menschen, sie ist kein In-vitro-, sondern ein In-vivo-Phänomen. Hierfür nur ein Beispiel: Führt man bei einem für eine Lungenresektion vorgesehenen Patienten vor der Operation einen inhalativen Histaminprovokationstest durch, so erhält man hinsichtlich der bronchialen Reaktion keinerlei Korrelation mit dem später postoperativ am resezierten Lungengewebe wiederholten Provokationstest [4].

Ein anderes Problem ist die offene Frage der genetischen Faktoren: Es gibt Mäusestämme, bei denen man durch Pertussisvakzine experimentell eine Hyperreaktivität erzeugen kann, bei anderen Mäusestämmen geht das nicht [6]. Oder: Der reinrassige Basenji Greyhound reagiert auf die Inhalation von nur 0,6 mg Histamin mit einer Bronchokonstriktion, für die eine landläufige Promenadenmischung mindestens 10 mg Histamin benötigt [5]. Diese individuelle Variationsbreite von etwa 1 : 20 haben wir auch beim gesunden Menschen gefunden (unveröffentlicht). Je nachdem, wo willkürlich die Grenze gezogen wird, kann man somit immer in einem gewissen Prozentsatz Probanden mit „natürlicher" Hyperreaktivität finden. Niemand weiß bis heute, ob dies erst die Voraussetzung dafür ist, damit sekundär durch exogene Triggermechanismen irgendwann im Laufe des Lebens eine klinisch manifeste Atemwegobstruktion ausgelöst werden kann.

Auf der anderen Seite sind alle Forscher, die sich gegenwärtig experimentell mit der Pathophysiologie der Hyperreaktivität befassen, mehr oder weniger davon überzeugt, daß es neben einer primär genetisch bedingten auch eine primär exogen erworbene Form der Hyperreaktivität gibt. Die klinisch bedeutsamsten Auslöser sind Allergie, Virusinfekt und chemisch-irritative Noxen. Erstaunlicherweise ist ihre pathophysiologische Endstrecke mehr oder weniger identisch. Entscheidend ist (siehe die eingangs gegebene Asthmadefinition) die Erzeugung einer Entzündung in der Bronchialwand, die im klassischen Modell der IgE-induzierten allergischen Reaktion das morphologische Substrat der „Spätreaktion" darstellt.

Bedeutung der entzündlichen Spätreaktion für die Hyperreaktivität

Im Gegensatz zu früheren Vorstellungen ist die allergische Spätreaktion für die Pathogenese der bronchialen Hyperreaktivität von weit größerer Bedeutung als die nur kurz anhaltende, rasch abklingende Sofortreaktion. Früher wurde die Spätreaktion immunologisch — nämlich als IgG-vermittelte Typ-III-Reaktion — gedeutet. Heute ist jedoch nicht mehr daran zu zweifeln, daß sowohl die Sofortreaktion wie die Spätreaktion Ausdruck einer gemeinsamen IgE-vermittelten Typ-I-Reaktion sind. Die duale Reaktionsform ist tierexperimentell am IgG-losen Kaninchen reproduziert worden [7, 8], und auch beim Menschen spricht das völlige Fehlen eines Komplementverbrauchs während der Spätreaktion gegen eine etwaige IgG-Beteiligung mit Immunkomplexbildung [9, 10, 11].

Das Schema der Abb. 1 zeigt, daß die Sofortreaktion in erster Linie durch Mediatoren aus Mastzellen mit direkter bronchokonstriktorischer Wirkung zustande kommt. Die dafür verantwortlichen Mediatoren sind das am längsten bekannte, in den Granula präformierte und daher am schnellsten freigesetzte Histamin, die aus Membran-Phospholipiden neu generierte und daher etwas protrahierter freigesetzte Slow reacting substance of anaphylaxis (Leu-

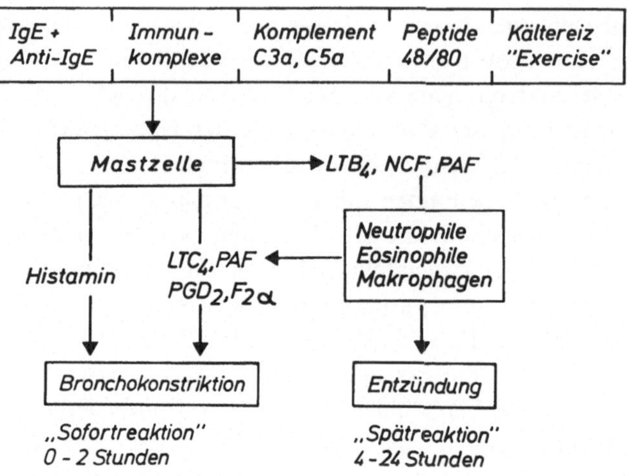

Abb. 1. Pathophysiologie der Sofortreaktion und der entzündlichen Spätreaktion (aus [1])

kotrien C_4, D_4, E_4) sowie andere hochpotente Lipid-Mediatoren, wie Prostaglandin D_2 und plättchenaktivierender Faktor (PAF).

Gleichzeitig setzen Mastzellen und nach neueren Befunden auch andere Zellen, wie Eosinophile, Makrophagen und Thrombozyten, chemotaktisch wirkende Mediatoren frei — in erster Linie Leukotrien B_4, neutrophilen-chemotaktischen Faktor (NCF), eosinophilen-chemotaktischen Faktor (ECF) und auch plättchenaktivierenden Faktor (PAF).

Auf diese Weise werden Entzündungszellen wie Neutrophile, Eosinophile und Makrophagen „rekrutiert". Sie wandern nach bereits abgeklungener Sofortreaktion in die Bronchialschleimhaut, bewirken dort das Bild einer Entzündung und setzen nun ihrerseits eigene Mediatoren frei. Sie halten dadurch den Entzündungsprozeß aufrecht, bewirken möglicherweise sogar eine erneute Mastzellaktivierung, vor allem aber wirken sie selbst bronchokonstriktorisch. Das klinische Bild der Spätreaktion, das wenig auf Bronchodilatatoren, aber gut auf Corticosteroide anspricht, ist somit das Ergebnis einer mit Latenz auftretenden, protrahiert verlaufenden Entzündungsreaktion.

Epithelschädigung und Entzündung

Jeder inhalierte Stoff, seien es Allergene, Viren oder chemisch-irritative Noxen, trifft zuerst auf die Bronchialepithelzellen. Vieles spricht heute dafür, daß ihre Schädigung die Grundvoraussetzung für die Entstehung einer bronchialen Hyperreaktivität darstellt. Von jeher fielen immer schon im Sputum von Asthmapatienten die Creola-Körperchen auf, die nichts anderes darstellen als zusammengeballten Detritus abgeschilferter Flimmerepithelzellen. Mit der heute routinemäßig durchführbaren bronchoalveolären Lavage (BAL) lassen sich bei Asthmapatienten erheblich mehr Epithelzellen nachweisen als bei nichtasthmatischen Kontrollpersonen [16].

Eine Schädigung der Flimmerepithelbarriere hat für den betroffenen Patienten vier Folgen:

1. Es kommt zur Freilegung von Neurorezeptoren, die normalerweise zwischen oder unter den Bronchialepithelzellen gelegen sind. Es handelt sich dabei entweder um Irritant-Rezeptoren oder um marklose C-Faserendigungen. Ihre Stimulation bewirkt einen vagalen Reflex oder — im Falle der C-Fasern — die Freisetzung von Neuropeptiden wie Substanz P, die bronchokonstriktorisch wirkt und gleichzeitig das Bild einer neurogenen Entzündung erzeugen kann.

2. Die Schrankenfunktion des Bronchialepithels wird beeinträchtigt, mit dem Ergebnis, daß nunmehr hochmolekulare Substanzen wie Allergene leichter in die Submukosa gelangen und die dort in großer Zahl vorhandenen Mastzellen erreichen können.

3. In letzter Zeit mehren sich Hinweise dafür, daß die Bronchialepithelzellen normalerweise einen Faktor bilden, der zur Erschlaffung der Bronchialmuskulatur führt, den „Epithelial derived relaxing factor" (EpDRF) [12, 13]. Sein Fehlen könnte den Tonus der glatten Bronchialmuskulatur erhöhen.

4. Vom Bronchialepithel können Substanzen mit proinflammatorischer Wirkung freigesetzt werden, wie Leukotrien B_4 und 15-HETE [14]. Dadurch kommt es zur gleichen Entzündungsreaktion der Bronchialwand wie bei der schon beschriebenen allergischen Spätreaktion. Die rekrutierten Entzündungszellen sind ihrerseits in

der Lage, durch zytotoxische Substanzen zu einer weiteren Schädigung des Bronchialepithels zu führen. Dies trifft in besonderer Weise auf das Major basic protein (MBP) der Eosinophilen zu.

BAL-Befunde bei hyperreaktiven Patienten

Durch die routinemäßig anwendbare Methode der broncho-alveolären Lavage (BAL) ist es möglich geworden, die mutmaßlichen Zusammenhänge zwischen Entzündung und Hyperreaktivität direkt am Patienten zu beobachten. Führt man während der Fiberbronchoskopie eine lokale Allergenprovokation im umschriebenen Bereich eines Segmentbronchus durch, so findet man als erste Reaktion eine Abblassung der Bronchialschleimhaut, dann eine reaktive Hyperämie, danach eine Engstellung infolge Bronchokonstriktion. Führt man an gleicher Stelle 48 Stunden später eine Lavage durch, so findet man eine deutliche Vermehrung von Eosinophilen und Neutrophilen, darüber hinaus aber auch von Makrophagen und Lymphozyten. 96 Stunden nach der Allergenprovokation haben die Neutrophilen und die Eosinophilen immer noch nicht ihre normale Zahl erreicht, die Makrophagen sind sogar noch weiter angestiegen. Elektronenoptische Befunde sprechen dafür, daß es sich eindeutig um „aktivierte" Makrophagen handelt [15].

Im Gegensatz zu einem derartigen Modell der durch einmalige Allergenapplikation provozierten intrabronchialen Entzündung kommt es natürlicherweise beim Patienten zu einem sehr viel geringeren, dafür aber kontinuierlich über längere Zeit andauernden Einstrom an allergenen Substanzen. Dennoch sind die beim nicht mit Allergen provozierten Patienten gewonnenen Lavage-Befunde auffallend ähnlich. Patienten mit exogen-allergischem Asthma zeigen, wenn sie symptomatisch sind, geringer aber auch im symptomfreien Intervall, eine deutliche Erhöhung von Mastzellen und von Eosinophilen in der Lavageflüssigkeit [16, 17]. Gleichzeitig sind die aus den beiden Zellpopulationen freigesetzten Mediatoren Histamin (Mastzellen) und MBP (Eosinophile) erhöht. Zwischen dem quantitativen Gehalt an Histamin und MBP einerseits und dem Grad der Hyperreaktivität gegenüber Methacholin andererseits besteht ein statistisch signifikanter Zusammenhang [16].

Diese am Patienten gewonnenen Befunde bestätigen die von verschiedenen Tiermodellen bekannten Befunde, wonach an einem Zusammenhang zwischen Entzündung und Hyperreaktivität nicht mehr zu zweifeln ist. Sie geben allerdings keine Antwort auf die Frage, welcher Zellpopulation bzw. welchen Mediatoren für die Induktion einer Hyperreaktivität die Hauptbedeutung zukommt. Auf dieses Problem wird im folgenden Beitrag von König näher eingegangen.

Schlußbetrachtung

Thema dieses Beitrages war die Rolle der Entzündung in der Pathogenese der bronchialen Hyperreaktivität. Auf andere pathogenetische Faktoren, wie Veränderungen im Bereich des autonomen

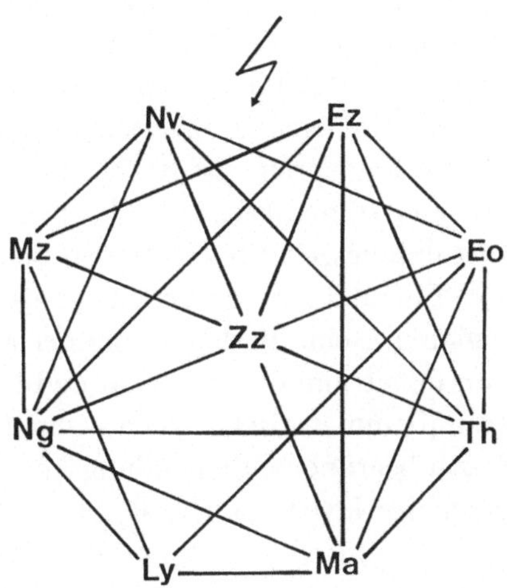

Abb. 2. Interaktionen zwischen den an der Pathogenese der bronchialen Hyperreaktivität beteiligten Zellen innerhalb der Atemwege. *Zz* Zielzellen (in erster Linie glatte Bronchialmuskulatur, darüber hinaus aber auch Becherzellen, Schleimdrüsen und Flimmerepithelzellen), *Ez* Epithelzellen, *Eo* eosinophile Granulozyten, *Th* Thrombozyten, *Ma* Makrophagen, *Ly* Lymphozyten, *Ng* neutrophile Granulozyten, *Mz* Mastzellen, *Nv* autonomes Nervensystem

  D. Nolte:

Nervensystems, der glatten Bronchialmuskulatur und der pharmakologischen Rezeptoren, insbesondere der betaadrenergen Rezeptoren, ist bewußt nicht näher eingegangen worden. Hinzu kommt, daß all diese Faktoren nicht losgelöst voneinander wirken, sondern daß es eine Fülle von Interaktionen mit positiven Feedback-Mechanismen gibt, die letztlich zum klinischen Bild der bronchialen Hyperreaktivität führen.

Es wäre sicherlich einseitig, die Ursache der bronchialen Hyperreaktivität allein in einer Entzündung zu sehen. Es wäre sonst ganz unverständlich, weshalb ein Patient mit chronischer Bronchitis oder ein Kind mit zystischer Fibrose trotz jahrelang schwelender oder rezidivierender Entzündung der Atemwege keine, oder nur eine geringe Hyperreaktivität entwickelt.

Nach den gegenwärtig vorliegenden experimentellen und klinischen Befunden müssen außer einer Epithelschädigung und einer Entzündung noch weitere, bisher unbekannte Voraussetzungen gegeben sein, damit eine bronchiale Hyperreaktivität entsteht.

Wichtig für die Behandlung des betroffenen Patienten ist aber die Tatsache, daß es ohne eine Entzündung offenbar keine Hyperreaktivität gibt. Hierfür spricht die Beobachtung, daß sich auch bei asymptomatischen Asthmatikern in der broncho-alveolären Lavage durchaus Entzündungszellen nachweisen lassen [16]. Eine Ausschaltung der zur Entzündung führenden Triggermechanismen, z. B. eine Allergenkarenz, eine Verhinderung der Mediatorfreisetzung mit Hilfe von Dinatrium Cromoglykat und Nedocromil-Natrium und eine antiinflammatorische Therapie mit inhalativen Steroiden sind somit gut begründete Behandlungskonzepte zur Beeinflussung der bronchialen Hyperreaktivität.

Literatur

1. Nolte D (1989) Asthma, 4. Aufl. Urban & Schwarzenberg, München
2. Ukena D, Sybrecht GW (1988) Neue Aspekte in der Pathogenese des Asthma bronchiale: bronchiale Hyperreaktivität. Med Klin 83: 142—148
3. Nolte D (1988) Bronchiale Hyperreaktivität: Pingpong zwischen Zellen, Nerven und Mediatoren. Med Klin 83: 149—150

4. Hahn HL (1987) Bedeutung von peptidhaltigen Nervensystemen und Neuropeptiden für Atemwegserkrankungen. Symposium zum BMFT-Förderschwerpunkt Lungen- und Atemwegserkrankungen. Kreuth, Bundesrepublik Deutschland, 16.—18. 12. 1987
5. Lazarus StC (1987) The role of inflammatory mediators and mast cells in airway function. XII Congr Inter-Asthma. Barcelona, Spanien, 1987
6. Wardlaw AC (1970) Inheritance of responsiveness to pertussis HSF in mice. Int Arch Allergy Appl Immunol 38: 573—576
7. Metzger WJ, Richerson HB, Kregel K (1982) Late-phase obstructive airway responses (LPR) in a rabbit model: physiologic and anatomic findings. Am Rev Respir Dis 125: 62—68
8. Shampain MP, Larsen GL, Henson PM (1982) An animal model of late pulmonary responses to alternaria challenge. Am Rev Respir Dis 126: 493—498
9. Hutchroft BJ, Guz A (1978) Levels of complement components during allergen-induced asthma. Clin Allergy 8: 59—64
10. Kauffmann HF, van der Heide S, de Monchy JGR (1983) Plasma histamine concentrations and complement activation during house dust mite provoked bronchial obstructive reactions. Clin Allergy 13: 219—228
11. Durham SR, Lee TH, Cromwell O (1984) Immunologic studies in allergen-induced late-phase asthmatic reaction. J Allergy Clin Immunol 74: 49—60
12. Flavahan NA, Aarhus LL, Rimele TJ, Vanhoutte PM (1985) Respiratory epithelium inhibits bronchial smooth muscle tone. J Appl Physiol 58: 834—838
13. Barnes PJ, Cuss FMC, Palmer JBD (1985) The effect of airway epithelium on smooth muscle contractility in bovine trachea. Br J Pharmacol 86: 685—691
14. Holtzman MJ (1986) Lipoxygenation of arachidonic acid in tracheal epithelial cells. Bull Eur Physiopathol Respir 22 [Suppl 7]: 38—39
15. Metzger WJ, Zavala D, Richerson HB, Moseley P, Iwamota P, Monick M, Sjoerdsma K, Hunninghake GW (1987) Local allergen challenge and bronchoalveolar lavage of allergic asthmatic lungs. Am Rev Respir Dis 135: 433—440
16. Wardlaw AJ, Dunnette S, Gleich GL, Collins JV, Kay AB (1988) Eosinophils and mast cells in bronchoalveolar lavage in subjects with mild asthma. Am Rev Respir Dis 137: 62—69
17. Kirby JG, Hargreave FE, Gleich GJ, O'Byrne PM (1987) Bronchoalveolar cell profiles of asthmatic and nonasthmatic subjects. Am Rev Respir Dis 136: 379—383

Anschrift des Verfassers: Prof. Dr. D. Nolte, Städtisches Krankenhaus, Riedelstraße 5, D-8230 Bad Reichenhall, Bundesrepublik Deutschland.

Hierarchie der Mediatoren
bei der bronchialen Hyperreaktivität

W. König und *J. Knöller*

Arbeitsgruppe für Infektabwehrmechanismen, Institut für Medizinische
Mikrobiologie und Immunologie, Ruhr-Universität Bochum,
Bundesrepublik Deutschland

Einleitung

Die molekularbiologischen Erkenntnisse der letzten Jahre haben
die Vielfältigkeit allergischer Reaktionen aufgezeigt [17]. Mit der
Entdeckung des Immunglobulins E war zunächst ein kausaler Mechanismus erkannt worden, wie allergische und entzündliche Reaktionen durch Vermittlung mit entsprechenden Effektorzellen und
durch Freisetzung von Mediatoren der Entzündung immunpathologische Vorgänge induzieren können [18]. Mit der Analyse der
Entzündungsmediatoren und der Erkenntnis zur Vielfältigkeit der
interzellulären Reaktionen wurde bald erkannt, daß nicht ein einzelner Faktor, sondern die Summe der Mediatoren wie auch der
interzellulären Wechselwirkungen für ein allergisches, entzündliches Geschehen verantwortlich ist. Noch komplexer wird das Bild,
wenn man bedenkt, daß neben einer genetischen Disposition zur
allergischen Antwort mittlerweile eine Vielzahl von Mediatorsy-
stemen bekannt sind. In diesem Zusammenhang hat die Beschreibung der Interleukine, dies sind zelluläre Signalübermittler, in jüngster Zeit die Komplexität noch vermehrt. Es ist heute bekannt, daß
sowohl T-T-Zell- wie auch T-B-Zell-vermittelte Reaktionen über

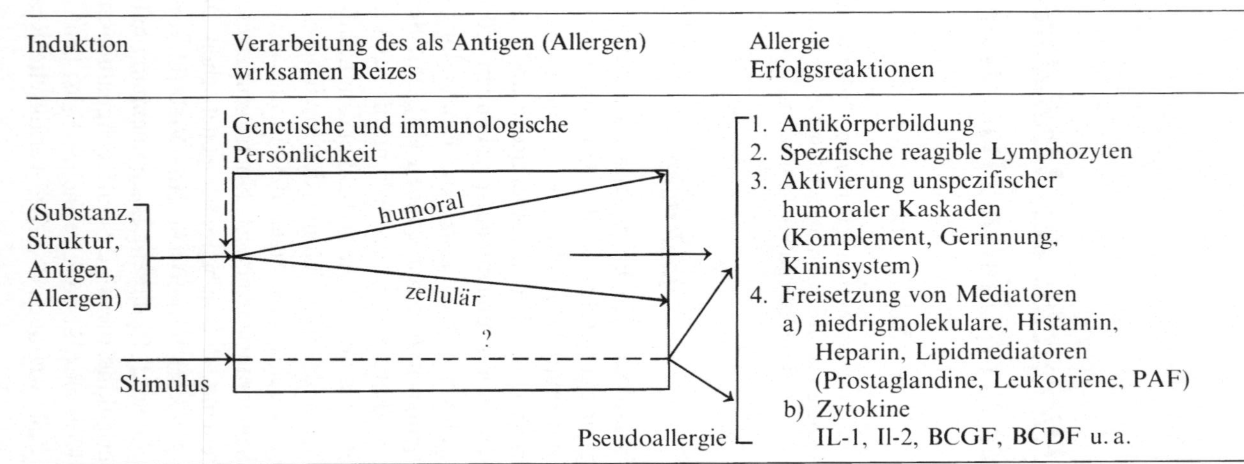

Abb. 1. Kontinuum der allergischen Reaktion; pseudoallergische Induktoren führen zur Freisetzung von Mediatoren ohne eine immunologische Spezifitätserkennung

eine Kaskade von Mediatoren weitergeleitet werden (Abb. 1). Mit Recht fragt man sich dann, ob es unter den Mediatoren eine Hierarchie gibt, von der man die Grundlage zum Verständnis immunpathologischer Vorgänge ableiten kann. Hierzu müssen wir einerseits die immunologische Induktor- sowie Effektorphase betrachten. Obwohl die letzten Jahre zu einer Vertiefung unseres Wissens geführt haben, verstehen wir nur ausschnittsweise diejenigen Vorgänge, die zu allergischen Reaktionen und hier insbesondere zum Asthma führen können.

Im folgenden sollen die neuen Erkenntnisse a) zur Ig-Regulation insbesondere des IgE wie auch b) zu den Mediatoren der Entzündung dargestellt werden. Es wird offensichtlich, daß nicht ein einzelner Mediator, sondern die wechselseitige Beeinflussung von Zellen und Mediatoren für den Ausgang der immunologischen Reaktion verantwortlich sind. Eine genaue Analyse dieser Schritte ist notwendig, um therapeutische Zukunftsperspektiven erfassen zu können. Hierbei muß man zusätzlich erwägen, daß nicht nur Mediatoren, sondern auch Neurotransmittersubstanzen für die Reagibilität von Zellen im Rahmen allergischer Reaktionen zu berücksichtigen sind.

Das Netzwerk der spezifischen Erkennung

Die Zusammenhänge der obengenannten Fragen ergeben sich aus der heutigen Kenntnis der zellbiologischen Abläufe. Das zelluläre Netzwerk besteht im wesentlichen aus T-, B-Lymphozyten und Makrophagen. Sie tragen Rezeptorstrukturen für die Erkennung des Antigens. T-Lymphozyten können die Immunantwort helfend oder auch supprimierend beeinflussen. Sie können zytotoxisch wirksam sein, z. B. bei Zell-Zell-Kontakt oder Transplantat-Abstoßung [18]. B-Lymphozyten tragen die Immunglobuline membranständig und sind nach Umwandlung in Plasmazellen zur Antikörpersekretion fähig. Makrophagen können das Antigen ebenfalls erkennen und verarbeiten und den T- wie auch B-Lymphozyten in geeigneter Form präsentieren [9]. Neben der durch zellulären Kontakt vermittelten Leistungsreaktion können Lymphozyten wie Makropha-

gen nach Aktivierung auch lösliche Faktoren freisetzen (Lymphokine, Monokine), die direkt auf benachbarte Zellen einwirken oder
im rezeptorvermittelten Netzwerk zusätzliche Effektorfunktionen
ausüben. Somit liegt die wesentliche Aufgabe des Immunsystems
in der Erkennung und Erhaltung der biologischen Individualität
und Integrität des Organismus. Die Kooperation von Makrophagen mit T-Lymphozyten im Rahmen der Antigen-Präsentation beruht auf drei wichtigen Merkmalen:
— dem physikalischen Kontakt zwischen beiden Zellen,
— der zumindest partiellen Identität von MHC-Strukturen der
beiden Zellen,
— der Sekretion von Interleukin-1 durch den Makrophagen.
Interleukin-1 ist ein unspezifisch wirkender Faktor mit einem
Molekulargewicht von 12.000–16.000 Dalton, der unter anderem
als Differenzierungssignal auf T-Lymphozyten wirkt, wenn ihnen
Antigen präsentiert wird [12].

Differenzierung der B-Lymphozyten — B-Zellwachstumsfaktoren und B-Zelldifferenzieung

Die B-Lymphozyten erfahren eine grundsätzlich andere Differenzierung als die T-Zellen, was sich in einer anderen Lokalisation,
anderen Markern und anderen Funktionen ausdrückt. Ihre anti-
genunabhängige Entwicklung aus hämatopoetischen Stammzellen
bis zur Stufe der unreifen B-Zelle findet im Knochenmark statt.
Die letztgenannten Zellen wandern in die Milz und andere periphere
lymphoretikuläre Gewebe, genauer in deren follikuläre sogenannte
B-Zell-Region, die den Hauptort der antigeninduzierten Differenzierung zu Plasmazellen darstellen. Die Ausbildung von B-Ge-
dächtniszellen in den Keimzentren beruht offenbar vorwiegend auf
der Einwirkung von Immunkomplexen, und zwar mit IgG. Die sich
aus Immunoblasten differenzierenden Zellen sind ruhende, lang-
lebige Zellen, die erst nach erneuter Zuführung des gleichen Antigens zur Weiterdifferenzierung in Plasmazellen aktiviert werden.
Die membranständigen Immunglobuline bieten sich als eindeutige
B-Zell-Marker für die Untersuchung zur Differenzierung an. Diese

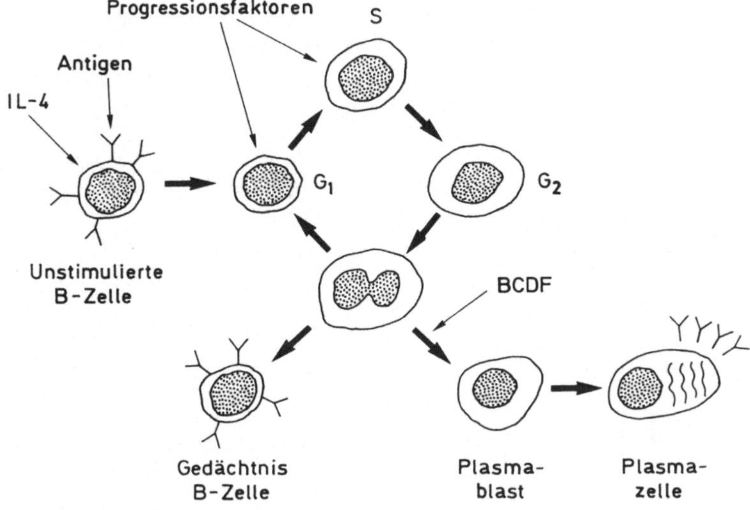

Abb. 2. Aktivierung und Proliferation von B-Lymphozyten unter dem Einfluß von Interleukinen

Oberflächenimmunglobuline unterscheiden sich von den sezernierten Immunglobulinen durch die hydrophobe Aminosäuresequenz am Fc-Stück, wodurch die Immunglobuline in der Membran verankert sind.

Der Aktivierungszustand einer B-Zelle kann unter anderem anhand phasenspezifisch auftretender Oberflächenantigene beurteilt werden.

Die Einordnung der B-Zell-Faktoren in verschiedene Gruppen hing ursprünglich davon ab, in welche der Entwicklungsphasen der B-Zellen sie regulierend eingreifen [20, 24, 29] (Abb. 2). Man unterscheidet:

— Faktoren, die an der Aktivierung ruhender B-Zellen beteiligt sind;

— Faktoren, welche die Proliferation von B-Zellen bewirken (B-cell growth factors — BCGF),

Tabelle 1. Zusammenstellung der Interleukine

Interleukine	Funktion	Quelle	Molekulargewicht
I 1-1 (Interleukin-1)	Lymphozytenaktivierung	Makrophage	17 kD
I 1-2 (Interleukin-2)	Fieber, Entzündung T-Zell-Wachstum B-Zell-Differenzierung	T-Zellen	15 kD
I 1-3 (Interleukin-3	Mastzellwachstum hämopoetischer Zellwachstums- faktor	T-Zellen	15 kD
I 1-4 (Interleukin-4)	B-Zellproliferation Synergie mit I 1-3 für Mastzellreifung verstärkt IgE + IgG_1-Produktion	T-Zellen	15 kD
I 1-5 (Interleukin-5)	costimuliert B-Zellwachstum verstärkt die IgA-Produktion und die Differenzierung von Eosinophilen	T-Zellen	12 kD
I 1-6 (Interleukin-6)	stimuliert Reifung und Wachstum von aktivierten B-Zellen, Plasmazellen	T-Zellen Fibroblasten	15 kD

— Faktoren, die Proliferation und Differenzierung verursachen (B-cell growth und differentiating factors — BGDF),

— Faktoren mit ausschließlich differenzierender Funktion (B-cell differentiation factors — BCDF).

Diese Einteilung wird der in vitro und in vivo ablaufenden B-Zell-Entwicklung sicherlich nur teilweise gerecht [13].

Die Multifunktionalität vieler Lymphokine erschwert den Nachweis einzelner Faktoren beträchtlich. Hinzu kommt, daß in Abhängigkeit vom Differenzierungsstadium, die B-Zelle eine unterschiedliche Empfänglichkeit gegenüber diesen Faktoren aufweist [28]. Die Untersuchung und Charakterisierung von Oberflächenantigenen ist deshalb eines der wichtigsten Ziele der B-Zell-Forschung in den kommenden Jahren [7, 29]. Ein einzelner Faktor ist in keinem Fall ausreichend, um die Differenzierung der B-Zelle zur Plasmazelle zu induzieren. Der Verlauf der Entwicklung wird offenbar von mehreren Lymphokinen gesteuert. Der Eingriff erfolgt, sobald die Zelle das Differenzierungsstadium erreicht hat, in dem sie für den Faktor empfänglich ist. Neben dem zellspezifischen Rezeptor sind der Zelltyp und/oder metabolische Zustand der Zielzelle gleichermaßen bedeutsam.

Man unterscheidet heute zwei Typen von T-Helferzellen: TH 1- und TH 2-Zellen. TH 1-Zellen sezernieren z. B. γ-IFN und Il 2, während TH 2-Zellen Il 4 und Il 5 freisetzen. Andere Lymphokine werden bevorzugt, aber nicht ausschließlich von einem T-Helferzelltyp freigesetzt [23]. Il 4 ist am Switch der IgM-B-Zelle zu IgE beteiligt und verstärkt die Fc_{ε}RII-Expression auf B-Lymphozyten. Il 5 wirkt auf den Switch der B-Zelle zu IgA. Unklar ist zur Zeit die genaue Rolle von Lymphokinen, wie Il 5, Il 2, Il 6, TNF-α und Lymphotoxin, von denen alle die Proliferation von B-Zellen stimulieren. Die Regulation der B-Zelle ist auch an vielen anderen Punkten ungeklärt; so ist z. B. noch nicht bekannt, wie Proliferation und Differenzierung der Zelle miteinander verknüpft sind und wie viele Möglichkeiten es gibt, die Entwicklung der B-Zelle zu beeinflussen (Tabelle 1, Abb. 3).

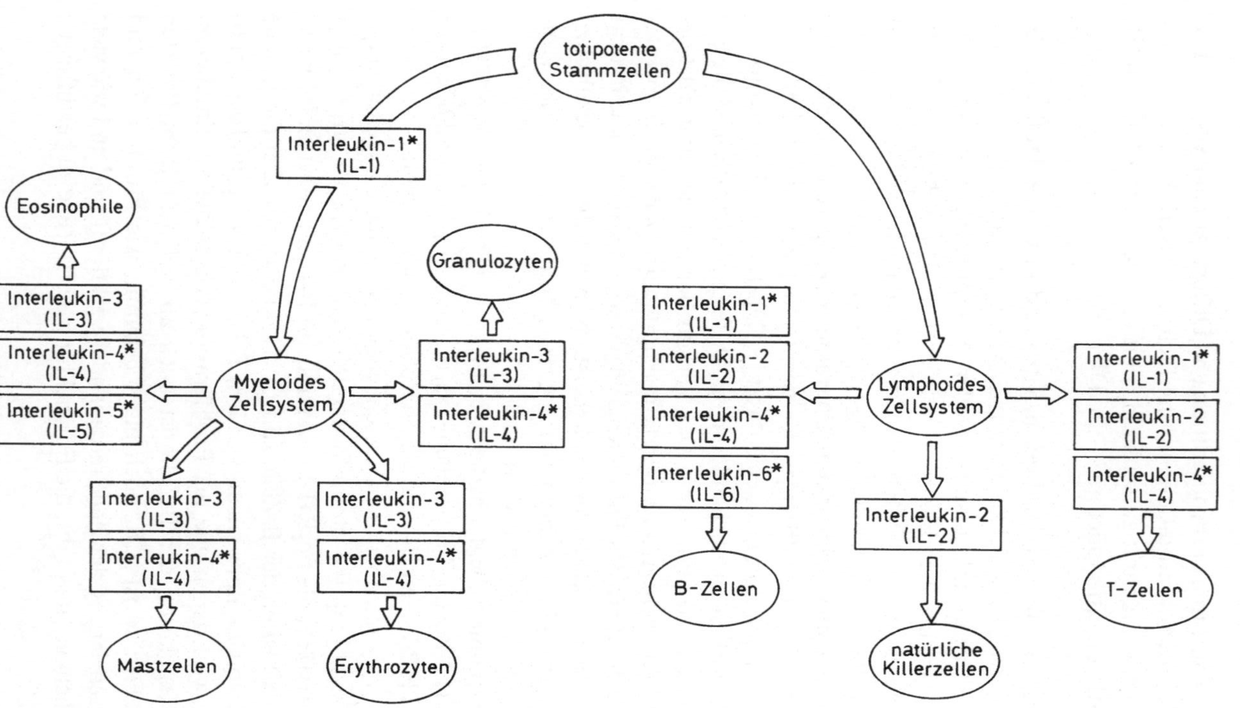

Abb. 3. Wirkung von Interleukinen auf Zellen des Immunsystems

Allergische Reaktionsmechanismen vom Typ I

Für die über Fc-Rezeptoren induzierte Membranaktivierung sind konkrete Beiträge aus den Arbeiten zur Wechselwirkung des Immunglobulins E mit der Mastzelle erbracht worden.

Das IgE besteht aus einer variablen Region und vier konstanten Bereichen. Es ist mit der besonderen Eigenschaft ausgestattet, sich mit hoher Affinität an spezifische Rezeptoren von Mastzellen und basophilen Granulozyten zu binden. Diese Bindung wird über Strukturen vermittelt, die im Fc-Anteil des Moleküls lokalisiert sind. Die Sensibilisierung durch IgE schließt zwei Vorgänge ein:

— die Bindung des IgE-Antikörpers an den Rezeptor,

— die Aktivierung der Zielzellen nach Antigenzugabe, so daß die Mediatoren der Entzündung freigesetzt werden.

IgE bindet sich mit hoher Affinität (Assoziationskonstante 10^9 bis 10^{10} L/M) an Mastzellen und basophile Granulozyten. Darüber hinaus bindet sich IgE mit niedriger Affinität (10^6 bis 10^7 L/M) an B-, T-Zellen, Makrophagen und eosinophile Granulozyten (Tabelle 2). Es gibt Hinweise dafür, daß durch die Bindung des exogenen IgE an Lymphozyten die Antikörperregulation wie auch parasitär zytotoxische Effektorreaktionen moduliert werden. Zielzellen der allergischen Reaktion vom Soforttyp sind Mastzellen und basophile Granulozyten. Mit höherer Serumkonzentration an IgE binden sich naturgemäß mehr IgE-Moleküle an Zielzellen. Die membranbiochemischen Vorgänge, die nach der Antigenbindung an der Mastzelle ablaufen, bezeichnet man als Aktivierung.

Die Aufklärung des membranbiochemischen Reaktionsmusters, das der zellständigen Antigen-Antigen-Reaktion folgt, hat in den letzten Jahren große Fortschritte gemacht. Die Aktivierung membranständiger Enzyme induziert den Kalziumeinstrom. Der Einstrom führt zur Aktivierung von Phospholipasen und zur Freisetzung von Arachidonsäuremetaboliten. Über diesen Vorgang und durch Aktivierung weiterer Enzymsysteme wird eine Reihe von Mediatorsubstanzen neu gebildet und zusammen mit bereits präformierten Faktoren ausgeschieden. Auch Komplementfragmente, basische Peptide, Enzyme und andere nichtimmunologische Ein-

Tabelle 2. Charakteristika der hoch- und niedrigaffinen Rezeptoren für IgE

	Fc_ε-RI	Fc_ε-RII
Verteilung	Mastzellen, Basophile	Subpopulationen von: Makrophagen, Monozyten, Eosinophilen
Anzahl/Zelle	10^4 (Basophile) 10^6 (Mastzelle)	10^3 (Thrombozyten) bis $5 \cdot 10^5$ (Makrophagen)
Assoziationskonstante	$10^9\,M^{-1}$	IgE-Monomere: $10^7\,M^{-1}$ IgE-Dimere: $10^8\,M^{-1}$
Struktur	Tetramer 1 α-Kette 45 kD 1 β-Kette 33 kD 2 γ-Ketten 9 kD	trypsin-sensitives Dimer α-Kette 45–50 kD β-Kette 25–33 kD
Bindung	„hinge"-Region zw. CH_2 und CH_3	über die CH_4-Domäne
Modulation	u. U. IgG-Immunkomplexe	Expression verstärkt durch IgE
Zellaktivierung	aggregiertes, komplexiertes IgE	aggregiertes, komplexiertes IgE
Fc_ε-abhängige Aktivierung	Mediatorenfreisetzung	Sekretion unterschiedlicher Mediatoren; Entzündungszellen; isotypische Regulation der IgE-Antwort durch IgE-Bindefaktoren, Lymphozyten

wirkungen (sogenannte pseudoallergische Reaktionen) vermögen dieselben Folgeprozesse herbeizuführen.

Die klinischen Krankheitsbilder werden von den Gewebearten wesentlich mitbestimmt. In der Haut entstehen Rötung, Schwellung, Quaddelbildung, in der Nasenschleimhaut die bekannte Rhinitis, in den Bronchien Konstriktion und muköse Schleimsekretion, abdominelle Symptome bei der Nahrungsmittelallergie, bei massiven systemischen Reaktionen vasomotorischer Kollaps, der tödlichen Ausgang haben kann.

Diese Prozesse entwickeln sich charakteristischerweise binnen weniger Minuten. Bei der sogenannten Spätphase können neue Entzündungsprozesse in den betroffenen Geweben nach vier bis fünf Stunden einsetzen, ihren Höhepunkt nach acht bis zwölf Stunden erreichen und erst nach 24 bis 48 Stunden wieder abklingen. Der Einstrom von sekundären Entzündungszellen (Neutrophilen, Eosinophilen, mononukleären Zellen) mit der Bildung von Mediatoren (Arachidonsäuremetaboliten, lysosomalen Enzymen) wird für diese spät einsetzende Reaktion verantwortlich gemacht.

Modulation der IgE-Synthese durch IgE-bindende Faktoren

Da das IgE als Effektormolekül eine besondere Rolle im Rahmen entzündlicher Reaktionen spielt, ist den IgE-spezifischen Aspekten der B-Zell-Differenzierung in den letzten Jahren erhöhte Aufmerksamkeit geschenkt worden. Wie im Tiermodell, so erscheint auch beim Menschen die Art des Antigens eine bedeutende Rolle in der Regulation der IgE-Antwort zu spielen. Neben parasitären Antigenen sind eine Reihe von Allergenen in der Lage, bei besonders prädisponierten Menschen eine IgE-Antwort zu induzieren. Biochemische bzw. strukturelle Gemeinsamkeiten der Allergene und parasitären Antigene sind vermutlich die Ursachen für die IgE-spezifische Induktion.

Faktoren mit bindenden Eigenschaften, die sich jeweils im Karbohydratanteil unterscheiden, sollen für die IgE-Regulation verantwortlich sein.

Grundlegende Untersuchungen zur Charakterisierung der IgE-Bindungsfaktoren im Tiermodell wurden u. a. von den Gruppen um Ishizaka und Katz durchgeführt [14]. Weitgehende Schlußfolgerungen der von diesen Arbeitsgruppen entwickelten Modelle konnten auf die Regulation der IgE-Synthese humaner Lymphozyten übertragen werden. Neben Bindefaktoren (BF) mit Affinität zu IgE wurden Faktoren mit Spezifität für die Immunglobuline der Klassen IgG, IgA und IgD beschrieben. Die Wirkung der IgE-BF wird nicht nur durch direkte Interaktion mit der IgE-exprimierenden T-Zelle vermittelt, sondern schließt auch die Beeinflussung isotypenspezifisch wirkender Helfer- oder Suppressorlymphozyten mit ein; beeinflußt wird die terminale Differenzierung der B-Zelle.

T-Zellen von Patienten mit Hyper-IgE-Syndrom sezernieren einen Bindungsfaktor mit IgE-potenzierender Qualität, durch den B-Lymphozyten gesunder Spender zu einer erhöhten IgE-Freisetzung stimuliert werden können.

Bereits in frühen Studien wurde erkannt, daß IgE-BF (sCD_{23}) aus Zellen produziert werden können, die den sogenannten "Low Affinity Receptor" für IgE ($Fc_\varepsilon RII = CD\,23$) exprimieren [26].

Die Zusammenhänge zwischen dem stadien-spezifischen Auftreten des IgE-Rezeptors, seine mögliche Funktion beim Isotypen-„Switch" und seine IgE-regulierende Wirkung als Lymphokin sind Gegenstand der derzeitigen Forschung. Man nimmt an, daß der IgE-BF (sCD_{23}) somit in eine "Feedback" Regulation eintritt und seine physiologische Funktion unter Umständen in der Kontrolle der IgE-Synthese liegt.

Inwieweit ein selektiver Einfluß der Bindefaktoren auf die IgE-Synthese vorliegt, wird zur Zeit überprüft. Fernerhin ist nicht bekannt, in welcher Form die Bindefaktoren mit den beschriebenen B-Zell-Wachstums- und Differenzierungsfaktoren wirksam sind.

In diesem Zusammenhang ist der „B-cell stimulatory factor 1" (BSF 1 = Il 4) der in Funktion und Struktur am besten aufgeklärte B-Zell-Faktor. Neuere Untersuchungen zeigen, daß Il 4 auch die Expression von niedrigaffinen Fc_ε-Rezeptoren II (CD 23) induziert. CD 23 gilt als stadien-spezifischer Marker der B-Zell-Differenzierung [10, 15, 16, 21]. Il 4-Effekte auf B-Zellen sind durch γ-Interferon supprimierbar.

Niedrigaffine Rezeptoren für IgE ($Fc_\varepsilon RII = CD\,23$) finden sich an Lymphozyten von Allergikern in einer erhöhten Konzentration als bei Nichtallergikern. Die Zugabe des relevanten Antigens (Allergens) zu den Lymphozyten führt zur gesteigerten Expression von CD 23 und zur Freisetzung von Molekülen, die mit monoklonalen Antikörpern gegen CD 23 reagieren. Während optimale Konzentrationen von Il 4 zur CD 23-Expression führen, gelingt dies bei suboptimalen Konzentrationen von Il 4 nur in Anwesenheit von Il 5. Mit γ-Interferon wird die Il 4- und antigeninduzierte CD 23-Expression inhibiert [25]. Somit wirken $T_{H\,1}$-Zellen dem IgE-induzierenden Signal der $T_{H\,2}$-Zellen entgegen. Lösliche CD 23-Moleküle finden sich im Serum von Normalpersonen, Allergikern und Personen mit atopischer Dermatitis. Auffallend ist, daß die Molekulargewichte der löslichen Moleküle (sCD 23) unterschiedlich sind. Die Funktion dieser Moleküle hinsichtlich der Ig-Regulation und möglichen Modulation entzündlicher Reaktionen ist zur Zeit nicht geklärt. Die Vorstellung, daß lymphozyten-assoziierte Antigene als Lymphokine bedeutsam sind, erweitert das heutige Konzept IgE-induzierter allergischer Reaktionen beträchtlich. Neben der Aktivierung von Mastzellen und Basophilen über hochaffine IgE-Rezeptoren ($Fc_{\varepsilon}RI$) können somit Makrophagen, Thrombozyten, Eosinophile über niedrigaffine Rezeptoren für IgE ($Fc_{\varepsilon}RII$) zur Freisetzung präformierter und neugenerierter Mediatoren veranlaßt werden. Durch die Amplifizierung der Entzündungsreaktion kommt es zu einem verstärkten Einstrom von zusätzlichen Effektorzellen (Neutrophile, Eosinophile, Mononukleäre), die ihrerseits nach Aktivierung das Entzündungsausmaß verstärken.

Die unterschiedliche Präsentation des Antigens durch Monozyten über TH 1- oder TH 2-Zellen könnte dafür verantwortlich sein, daß entweder eine zellvermittelte oder eine humoral induzierte Immunreaktion ausgelöst wird. Dabei kommt naturgemäß den einzelnen Entzündungszellen eine unterschiedliche Funktion in der Freisetzung von Mediatoren zu. Das Ausmaß der von diesen Zellen gebildeten Mediatoren muß jedoch in Abhängigkeit vom Stimulus und von der Freisetzung induzierender wie auch metabolisierender Enzyme gesehen werden. Dies bedeutet, daß der Endwert einer Mediatorenmessung immer die Resultante von Induktion und Metabolisierung darstellt.

Tabelle 3. Präformierte Mediatoren aus Mastzellen

Mediatoren	Molekulargewicht	Funktionen
Histamin	111 D	proinflammatorisch (H 1) antiinflammatorisch (H 2)
Eosinophil chemotaktische Tetra-Oligopeptide (ECF-A)	300 D 2 500 D	Chemotaxis von eosinophilen und neutrophilen Granuloxyten
Neutrophil-chemotaktischer Faktor (NCF)	750 000 D	Chemotaxis, Deaktivierung von Neutrophilen
Heparin	750 000 D	Antikoagulans, antikomplementär
Chymase (Ratte)	25 000 D	Proteolyse
Tryptase (Mensch)	130 000 D	Proteolyse
Kallikrein	1 200 000 D	Bradykinin-Synthese
Präkallikrein-Aktivator		Kinin, Komplement-Gerinnungssystem
Hagemann-Faktor		Kinin, Komplement-Gerinnungssystem
N-acetyl-β-D-Glukosaminidase	150 000 D	
Glukosaminidase, β-Glukuronidase	280 000 D	
Arylsulfatase A	115 000 D	Abbau von Kollagen
Oxidative Enzyme Superoxiddismutase		bindet sich an Heparin Proteoglykan, Umwandlung von O_2 zu H_2O_2
Peroxidase		katalysiert die Bildung von Wasser aus H_2O_2, H_2O_2 führt direkt zu Mastzelldegranulation, tumorzytotoxisch

Mediatoren der Entzündung

Es ist heute erwiesen, daß zur Ausprägung einer allergischen Symptomatik in der Regel mehrere Mechanismen und zahlreiche Einzelkomponenten beitragen. Ihre Aktivität unterliegt einer feinsinnigen Balance von Aktivierung und Inaktivierung. Jedes Mediatorsystem läßt sich durch immunologische- und nichtimmunologische Abläufe induzieren. Mediatoren sind biologische Effektormoleküle, die mit spezifischen Rezeptoren an Organen oder Zielzellen reagieren [1, 19, 22, 27]. Es erfolgt die sekundäre Aktivierung von biochemischen Mechanismen an den Zellen oder Endorganen. Die Mediatoren werden entweder aus Vorläufermolekülen (humorale Mediatorensysteme) oder aus Körperzellen (zelluläre Mediatorensysteme) freigesetzt. Zelluläre Faktoren ihrerseits (z. B. Enzyme aus Mastzellen) können die humoralen Vorläufer von Mediatoren aus dem Komplement-, Kinin- und Gerinnungssystem aktivieren. Die Mastzelle kann akute, subakute und chronische Entzündungsprozesse einleiten. Das Vorhandensein unterschiedlicher Entzündungssubstanzen, d. h. Mediatoren mit Spezifität für unterschiedliche Entzündungspartner und Zielzellen könnte eine Erklärung dafür geben. Bei den Mediatoren der Entzündung, die von Mastzellen nach immunologischer und nichtimmunologischer Stimulierung freigesetzt werden, unterscheiden wir die präformierten von den neugenerierten Faktoren (Tabellen 3 und 4). Zu den präformierten gehören das Histamin, chemotaktische Peptide, der neutrophile chemotaktische Faktor (NCF), Heparin, Proteasen, saure Hydrolasen und oxidative Enzyme. Zu den neugenerierten Faktoren zählen wir den Thrombozyten aggregierenden Faktor (PAF), die „Slow Reacting Substance of Anaphylaxis" (SRS), die als LTC 4, LTD 4 und LTE 4 identifiziert wurde, den lipid-chemotaktischen Faktor für neutrohpile und eosinophile Granulozyten (LTB 4 und dessen Isomere), eine Vielzahl von mono- und dihydroxilierten Eicosatetraensäuren, wie auch die Zyklooxygenaseprodukte der Arachidonsäure, die Prostaglandine. Akute Reaktionen, die durch Mastzellen eingeleitet werden, sind durch die Freisetzung von Mastzellmediatoren bedingt. Sie werden einerseits aus

Tabelle 4. Biologische Aktivitäten von Leukotrienen und PAF

LTB$_4$		LTC$_4$, D$_4$, E$_4$	PAF
Neutrophile Granulozyten	Lymphozyten	Gewebe	Thrombozyten
Chemotaxis (Eos*)	Induktion von	Kontraktion glatter	Aggregation
Chemokinese (Eos*)	Suppressorzellen	Muskulatur	Mediatorfreisetzung
Aggregation		(Ileum, Bronchien,	(z. B. TxB$_2$)
Freisetzung lysosomaler	Suppression der	Trachea, Uterus,	Proteinphosphorylierung
Enzyme	Proliferation	Lungenparenchym)	
Superoxidproduktion	Verstärkung von		Monozyten
Stimulation des	T-Zell-Faktoren	Vasokonstriktion	Aggregation
Ca^{2+} und Na*-Influx	(IL-2, IFN-γ)	Erhöhung der vasku-	
Freisetzung von	Verstärkung der	lären Permeabilität	Neutrophile Granulozyten
intrazellulärem Ca^{2+}	Zytotoxizität	(Plasmaexsudation)	Aggregation
	(NK- und NC-Zellen)		Mediatorfreisetzung
Erhöhung des		Stimulation der	(z. B. LTs)
intrazellullären c-AMP	Gewebe	Mukusproduktion	Superoxidproduktion
	Verstärkung der	Stimulation der	(„respiratory burst")

Verstärkung der C 3 b-Rezeptorexpression (Eos*) Verstärkung komplementabhängiger zytotoxischer Reaktionen (Eos*)	vaskulären Permeabilität in Anwesenheit von PGE_2	Prostacyclin-Freisetzung (Endothelien) Freisetzung des luteinisierenden Hormones, LH, (Hypophyse) Proliferation von glomerulären Endothelzellen	Gewebe Anstieg der vaskulären Permeabilität (Ödembildung)
Makrophagen, Monozyten Chemotaxis Chemokinese	Kontraktion von Lungengewebe (über TxA_2) Stimulation der Myelopoese	Makrophagen Freisetzung von Prostaglandinen und Thromboxan	Kontraktion glatter Muskulatur (Ileum, Bronchien) Systemische Hypotension Pulmonale Hypertension Verstärkte Glykogenolyse (Leber) Neutropenie Intestinale Nekrosen
	Sekretionserhöhung von Insulin	Lymphozyten Verstärkung der zytotoxischen Zellaktivität	

den sekretorischen Granula freigesetzt (präformierte Mediatoren) und andererseits durch neugenerierte Mediatoren (Prostaglandin D 2, PAF, Leukotriene) induziert. Die verzögert einsetzenden IgE-abhängigen kutanen und wahrscheinlich auch pulmonalen Reaktionen bedingen einen Einstrom von Eosinophilen, Neutrophilen und mononukleären Zellen und können durch deren Aktivierung aufrechterhalten werden. Die physiologische Rolle von Mastzellen liegt vermutlich in der Inaktivierung von gewebeschädigenden Faktoren, in der Modulation des Bindegewebewachstums wie auch seiner Regeneration. Das lückenhafte Verständnis mastzellabhängiger, physiologischer und pathologischer Vorgänge resultiert aus den unzureichenden analytischen Methoden. Der Nachweis von Mastzellmediatoren in komplexen biologischen Flüssigkeiten gelingt daher häufig nicht.

Der Thrombozyten aktivierende Faktor (PAF)

Der Thrombozyten aktivierende Faktor (PAF) ist ein Phospholipidmediator der Entzündung, der von stimulierten Thrombozyten, polymorphkernigen Neutrophilen, Monozyten, Makrophagen und Mastzellen freigesetzt wird [22]. Die Struktur von PAF konnte als 1-0-Alkyl-2-Acetyl-sn-Glyceryl-3-Phosphorylcholin identifiziert werden. Untersuchungen zu seiner Biosynthese ergaben, daß eine Phospholipase A 2 die Deacylierung von Alkyl-Acyl-Glycero-Phosphocholin (AGPC) katalysiert, so daß eine Fettsäure (bei neutrophilen Granulozyten zu 40% Arachidonsäure) und das sogenannte Lyso-PAF entstehen. Es existieren noch keine exakten Studien über die Beteiligung der Phospholipase A 2. Da die enzymatische Aktivität bei pH 4.5 und in der Abwesenheit von Kalzium nachweisbar war, wird die Beteiligung einer lysosomalen Phospholipase A 2 diskutiert. In der Gegenwart von Acetyl-Coenzym A wird das inaktive Lyso-PAF durch eine Acetyltransferase in das hochaktive PAF überführt. Die beteiligte Acetyltransferase wurde in Makrophagen, eosinophilen Granulozyten sowie verschiedenen Gewebetypen nachgewiesen.

Von den synthetisierenden Zellen (Thrombozyten, Granulozyten, Makrophagen u. a.) kann PAF auch inaktiviert werden, indem eine kalziumabhängige Acetylhydrolase das PAF zu Lyso-PAF umsetzt. Aber auch im Plasma wurden Acetylhydrolasen nachgewiesen, die einen wesentlichen Kontrollmechanismus des PAF-Spiegels darstellen. Die Acetyltransferase von Alveolarmakrophagen, Granulozyten und Thrombozyten liegt in der Mikrosomenfraktion vor. PAF führt an Thrombozyten zur Aggregation. Die Aktivierung der Thrombozyten durch PAF ist unabhängig von Arachidonsäuremetaboliten und ADP. Weiterhin ist PAF chemotaktisch für Neutrophile und insbesondere für eosinophile Granulozyten. Es löst an Granulozyten physiologische Funktionen aus und aktiviert Makrophagen sowie die glatte Muskulatur. Die von PAF an neutrophilen Granulozyten ausgelösten Effekte können durch das Pertussis-Toxin inhibiert werden. Bei In-vivo-Untersuchungen lassen sich nach i.v. Gabe von PAF anaphylaktische Reaktionen beobachten; bei intradermaler Injektion zeigt sich eine deutliche Akkumulation von Leukozyten. PAF ist chemotaktisch für humane eosinophile Granulozyten und stimuliert in diesen Zellen die LTC_4-Freisetzung. PAF ist somit ein natürlich vorkommender Mediator der Entzündung, der auch an allergischen und schockartigen Reaktionen beteiligt ist. Die starke biologische Aktivität sowie die zu beobachtende stereospezifische Fähigkeit, Zellen zu desensibilisieren, wurden mit spezifischen Rezeptoren erklärt. Auf Thrombozyten, glatter Muskulatur und neutrophilen Granulozyten konnten PAF-Rezeptoren nachgewiesen werden. Die Inhalation von PAF führt zur Hyperreaktivität der Atemwege. Ob durch PAF dabei andere Mediatorensysteme aktiviert werden, bleibt abzuwarten, bis exakte analytische Meßsysteme zur Verfügung stehen, um die biologische Bedeutung von PAF einzuschätzen.

Biochemie der Arachidonsäure-Metabolisierung (Abb. 4)

Zyklooxygenase-Faktoren

Der erste Schritt in der Biosynthese der Zyklooxygenase-Produkte besteht in der Einführung zweier Sauerstoff-Atome in das Substratmolekül-Arachidonsäure unter Bildung des Hydroperoxyendoperoxids Prostaglandin G 2 (PGG_2). Die gereinigte Zyklooxygenase beinhaltet auch eine peroxidaseähnliche Aktivität, so daß das erste faßbare Produkt das Hydroxyendeoperoxid Prostaglandin H_2 (PGH_2) ist. Ähnlich wie in der Leukotrien-Biosynthese kann auch hier eine Dihomo-γ-Linolensäure, eine Tetraen- (Arachidonsäure) oder eine Pentaensäure als Ausgangsmolekül dienen. Während für die Leukotriene ein breitgefächertes Spektrum von 5-, 8-, 11-, 12- und 15-Lipoxygenasen mit ebenso vielen Primärprodukten zu finden ist, scheint in allen bisher untersuchten Geweben nur ein Zyklooxygenasetyp vorzuherrschen. PGH_2 nimmt im Zyklooxygenaseweg eine zentrale Stellung ein. Die Prostaglandine E_2 und D_2 werden durch die Einwirkung einer 11-Ketoisomerase bzw. 9-Ketoisomerase gebildet. PGF_{2a} entsteht aus PGH_2 auf nichtenzymatischem Weg oder aus PGE_2 über eine 9-Ketoreduktase. PGH_2 ist aber auch Ausgangspunkt für Arachidonsäure-Derivate, die nicht mehr den typischen Zyklopentanring der Prostaglandine aufweisen. PGH_2 wird durch eine Thromboxan-Synthase in Thromboxan A_2 umgewandelt und durch eine Prostazyklin-Synthase in Prostazyklin (PGI_2).

Die Rolle der Leukotriene

Biochemische Vorgänge an der Granulozytenmembran

Direkte oder indirekte Stimulation des Leukozyten führt als erstes zu einer schnell ablaufenden Veränderung des Membranpotentials [5, 6]. Parallel zu diesen Vorgängen wird auch die „Phosphatidylinositol-Antwort" ausgelöst. Wie in anderen Zellen, beginnt sie mit dem Abbau von Phosphatidylinositol (PI) bzw. Phospathidylinositol-4,5-bisphosphat (PIP_2) zu Diacylglycerol (DG) und den Inositolphosphaten (IP_3 usw.). Diacylglycerol stimuliert im folgenden die Ca^{2+} und phospholipidabhängige Proteinkinase C (PKC), während die Inositolphosphate die Kalziumfreisetzung aus intrazellulären Speichern induzieren [2]. Bakterielle Toxine haben sowohl einen hemmenden als auch einen stimulierenden Einfluß auf den Phosphatidylinositol-Metabolismus.

Einwirkung von Pertussis-Toxin verändert den rezeptorinduzierten Abbau von Polyphosphoinositol an intakten, neutrophilen

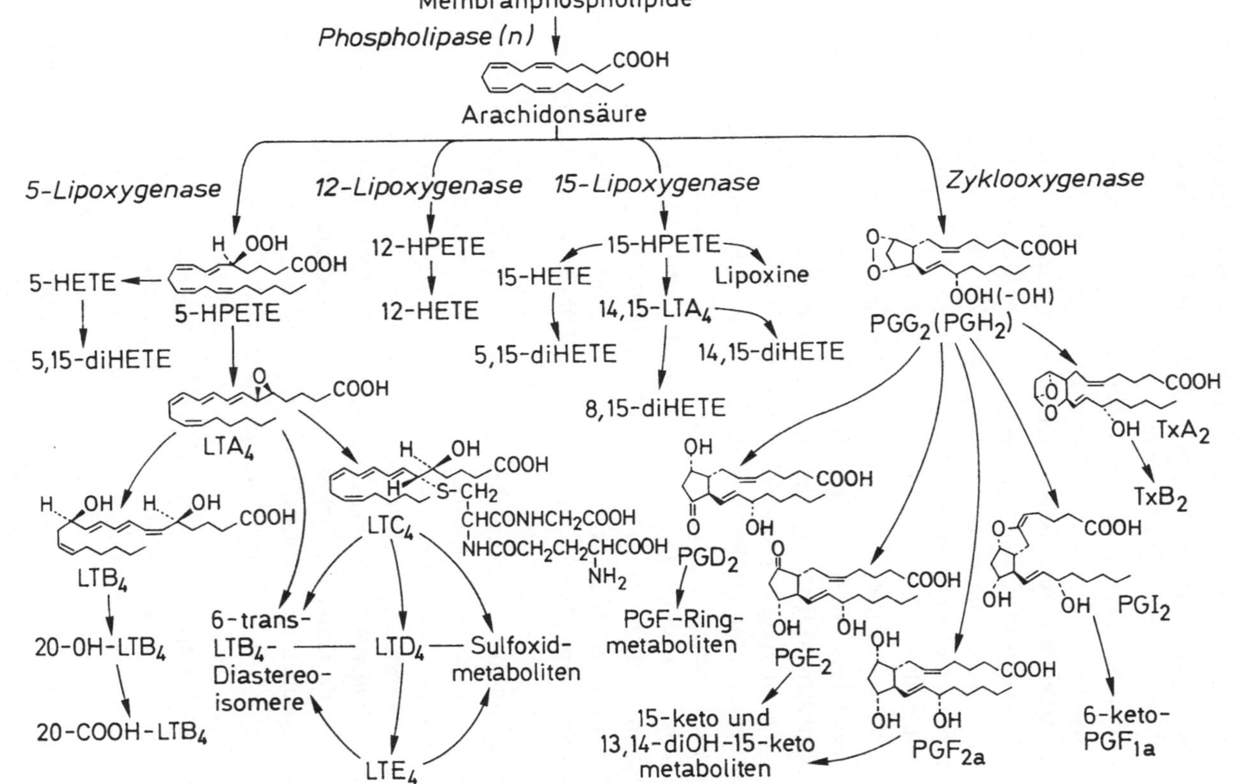

Abb. 4. Biochemie der Arachidonsäuremetabolisierung

Granulozyten. Außerdem wird auch die Bildung von IP_3 und 1,2-Diacylglycerol (DG) reduziert. Pertussis-Toxin interagiert mit GTP-regulierenden Proteinen und verhindert damit die Aktivierung der Phospholipase C (PLC). In neutrophilen Granulozyten ist die 2-Position von PI oftmals von ungesättigten Fettsäuren, besonders der Arachidonsäure, besetzt. Der neutrophile Granulozyt benutzt den molekularen Sauerstoff während der Phagozytose zur Umwandlung von ungesättigten Fettsäuren. So wird z. B. Arachidonsäure zu biologisch aktiven Substanzen, wie Endoperoxiden, Prostaglandinen, Thromboxanen, Hydroxysäuren und Leukotrienen, metabolisiert. Die Freisetzung dieses Vorläufermoleküls kann über verschiedene Wege erfolgen. Eine schematische Darstellung der möglichen Aktivierungsmechanismen zeigt Abb. 4.

Die Bildung von Arachidonsäuremetaboliten ist von besonderer Bedeutung für die Regulation des weiteren Entzündungsgeschehens. Hauptmetabolite der Arachidonsäure in neutrophilen Granulozyten sind die Leukotriene (etwa 1 µg/10^7 PMN nach Stimulation), während nur etwa 1 ng PGE_2/10^7 PMN nach Stimulation freigesetzt wird. Leukotriene sind Mediatoren, die Effekte auf vaskuläre Permeabilität, Chemotaxis und Kontraktion der glatten Muskulatur zeigen und an einer Vielzahl akuter und chronisch entzündlicher Vorgänge beteiligt sind. Die Biosynthese der Leukotriene wurde an neutrophilen Granulozyten zuerst beschrieben und wird durch eine 5-Lipoxygenase-katalysierte Reaktion der Arachidonsäure eingeleitet. Als Zwischenprodukt entsteht zunächst die 5-Hydroperoxyeicosatetraensäure (5-HPETE). Dieses Produkt ist der Vorläufer der 5-Hydroxyeicosatetraensäure (5-HETE), die geringe chemotaktische Aktivität zeigt und des Epoxyds Leukotrien A 4 (LTA 4), das eine zentrale Rolle in der Leukotrienkaskade spielt. LTA 4 wird enzymatisch zum chemotaktisch und chemokinetisch aktiven LTB 4 (5 S-12 R-dihydroxy-6(Z)-8,10(E,E)-14(Z)-Eicosatetraensäure) hydrolisiert. Nichtenzymatisch reagiert LTA 4 zu chemotaktisch weniger aktiven Dihydroxysäuren wie 5 S-12 R-6-trans-LTB 4 und 5 S-12 S-12-epi-6-trans-LTB 4. LTB 4 wird durch Granulozyten mittels Omega-Oxidation in seine inaktiveren Metabolite 20-OH und 20-COOH-LTB 4 überführt.

LTA 4 wird ebenfalls in einer Glutathion-S-transferase-katalysierten Reaktion mit Glutathion konjugiert, so daß das kontraktil aktive LTC 4 entsteht. LTC 4 wird mittels Abspaltung des Glutamylrestes durch γ-Glutamyltranspeptidase in LTD 4 überführt, das an einigen Zielstrukturen höhere Aktivität als LTC 4 aufweist. In einem weiteren Schritt wird durch eine Dipeptidase das Glyzin von LTD 4 entfernt, so daß das Endprodukt des Peptidoleukotrien-Metabolismus, das LTE 4, entsteht. Die Peptidoleukotriene LTC 4, LTD 4 und LTE 4 entsprechen der seit über 40 Jahren beschriebenen „Slow Reacting Substance of Anaphylaxis".

Die biologischen Wirkungen der Leukotriene werden mit großer Wahrscheinlichkeit durch ihre Bindung an spezifische Rezeptoren ausgelöst. Resultate aus Bindungsstudien mit radioaktiv markierten Liganden erbrachten Hinweise, daß verschiedene Rezeptoren für Peptidoleukotriene existieren. In neutrophilen Granulozyten wird LTC 4 bevorzugt von granulären Membranstrukturen mit unterschiedlicher Affinität gebunden.

Die Rezeptoren für LTB 4 sind deutlich von denen für Peptidoleukotriene zu unterscheiden. Spezifische, sättigungsfähige Rezeptoren für LTB 4 auf polymorphkernigen Granulozyten sind beschrieben worden. Die 6-trans-Isomere des LTB 4 zeigen dabei eine Kreuzreaktion von 30 bis 50%. Es konnten Rezeptoren mit hoher und niedriger Affinität unterschieden werden. Diese unterschiedlichen Rezeptoren werden für die chemotaktische und sekretorische Wirkung des LTB 4 verantwortlich gemacht. Die hochaffinen Rezeptoren sind verantwortlich für die chemotaktische Antwort neutrophiler Granulozyten, während die niedrigaffinen Rezeptoren eine Rolle bei der LTB 4-induzierten Sekretion neutrophiler Granulozyten spielen. Granulozyten verlieren ihre Sensitivität gegenüber LTB 4 relativ schnell. Es wird ein spezifischer Prozeß vermutet, der zur Regulierung des Rezeptors führt. Da LTB 4 zu den Metaboliten 20-OH-LTB 4 und 20-COOH-LTB 4 umgesetzt wird, ergibt sich eine komplexe Situation, wobei sowohl der Ligand als auch der Rezeptor aus ihrer aktiven in eine intaktive Form überführt werden. Damit ist der neutrophile Granulozyt gleichzeitig Produzent und Regulator der Lipoxygenaseprodukte; Granulo-

Tabelle 5. Leukotriene und Erkrankung des Menschen

Krankheitsbilder	Stimulus	Produkte
Asthma		
Plasma	Asthmaattacke	SRS, C_4
Sputum		C_4, D_4
Lungengewebe	allergischer Stimulus	C_4, D_4, E_4
Allergie		
allergische Rhinitis (Nasenlavage)		B_4, C_4, D_4, E_4
allergische Rhinoconjunktivites (Tränenflüssigkeit)		B_4, C_4, D_4, E_4
Hautblasenflüssigkeit		C_4, D_4
Hauterkrankungen		
Psoriasis, Hautblasenflüssigkeit		C_4, D_4
Urticaria pigmentosa		B_4
Entzündliche Erkrankungen		
Darmmukosa		B_4
rheumatoide Arthritis (Synovialflüssigkeit)		B_4
Gicht (Synovialflüssigkeit)		B_4
chronisch granulomatöse Erkrankungen (Neutrophile)	Cal + AA	B_4
Hypereosinophile, Eosinophile	Cal	B_4, C_4, D_4
ARDS		B_4, C_4, D_4
Chronische Bronchitis, Sputum		B_4, C_4, D_4
Cystische Fibrose, Sputum		B_4, D_4

Tabelle 6. Biologische Aktivitäten der granulären Proteine
von Eosinophilen

ECP	zytotoxisch für Parasiten und Eukaryonten-Zellen neurotoxisch: Interaktion mit dem Koagulations- und Fibrinolysesystem supprimiert die T-Lymphozytenproliferation, induziert Histaminfreisetzung aus Mastzellen und Basophilen
EDN	neurotoxisch
EPO	Peroxidase-Aktivität: zytotoxisch für Parasiten, Bakterien, Eukaryonten-Zellen: Inaktivierung von Entzündungsmediatoren (z. B. LTC_4, LTD_4, LTD_4, LTE_4); Inaktivierung von phagozytischen und chemotaktischen Rezeptoren
EPX	Zytotoxisch für Parasiten: neurotoxisch, supprimiert die T-Zellproliferation
MBP	Zytotoxisch für Parasiten und Eukaryonten-Zellen: induziert Histaminfreisetzung aus Mastzellen und Basophilen

zyten führen also nicht nur die Synthese der Leukotriene durch (LTA 4, LTB 4, LTC 4); sie tragen auch Rezeptoren für LTB 4 und LTC 4; darüber hinaus wandeln sie die hochaktiven Syntheseprodukte zu den inaktiveren Metaboliten (LTD 4, LTE 4, 20-OH-LTB 4, 20-COOH-LTB 4) um. Somit kontrolliert der Granulozyt auch seine durch ihn ausgelöste Entzündungsreaktion. Eine Fehlleistung dieses Regulationsmechanismus könnte für chronische Entzündungsprozesse verantwortlich sein (Tabelle 5).

Die jüngste Gruppe der biologisch aktiven Arachidonsäure-Metabolite sind die Lipoxine. Es handelt sich hier um dreifach hydroxylierte Arachidonsäure-Derivate mit einer konjugierten Tetraenstruktur, die aus Arachidonsäure unter Einwirkung einer 15-Lipoxygenase entstehen. Die Lipoxine stimulieren die Bildung von Superoxid-Anionen und degranulieren Granulozyten. PAF wie auch LTB 4 wirken besonders stark eosinophilotaktisch. Hinsichtlich der Leukotrienfreisetzung wird eine besonders starke LTC 4-Freisetzung aus eosinophilen Granulozyten, und zwar von Zellen geringerer Dichte („hypodens"), nach Stimulation erhalten. Darüber hinaus zeigten Patienten mit Hypereosinophilie eine erhöhte

Konzentration von „Major Basic Protein (MBP)" in Sekreten. Das MBP kann wiederum Histamin aus humanen Basophilen freisetzen. Diese Beobachtungen unterstreichen, daß Eosinophile im Rahmen pathophysiologischer Prozesse wirksame Effektorzellen sind und Entzündungsreaktionen darüber hinaus verstärken (Tabelle 6).

Die vielfältigen Eigenschaften der Arachidonsäuremetaboliten führen somit zu mannigfaltigen interzellulären Auswirkungen. Dazu gehören:

— antagonistische oder unterstützende Einflüsse auf die Biosynthese eines spezifischen Produktes,

— synergistische oder antagonistische Effekte aus Zielzellen und

— verstärkende Effekte infolge der Freisetzung von sekundären Metaboliten aus Zellen, die durch das entsprechende Produkt ausgelöst werden.

Somit ist für das Ausmaß des Entzündungsprozesses nicht nur die Endkonzentration eines Mediators entscheidend, sondern auch die Fähigkeit, gegenregulatorische Maßnahmen durchzuführen. Es wird vermutet, daß bei der Auslösung pseudoallergischer Reaktionen einiger nichtsteroidaler Antiphlogistika durch die Hemmung der Zyklooxygenase eine vermehrte Bildung von Lipoxygenasefaktoren auftritt, die ihre krankheitsspezifischen Wirkungen entfalten [11].

Lipidmediatoren, wie Leukotriene und PAF, sollen darüber hinaus in zellvermittelte Immunreaktionen eingreifen. Die Wechselwirkung von Lymphokinen und niedrigmolekularen Mediatoren ist zur Zeit Gegenstand der aktuellen Forschung.

Interzelluläre Wechselwirkungen (Abb. 5)

Immunpathologische Veränderungen bedienen sich unterschiedlicher zellbiologischer Abläufe. Es handelt sich dabei um ein Kontinuum von Wechselwirkungen, die nach heutigen Kenntnissen durch Neurotransmitter-Substanzen weiter moduliert werden. Infektionen können fernerhin das Gesamtbild überlagern, so daß eine eindeutige Zuordnung des immunologischen Reaktionsbildes er-

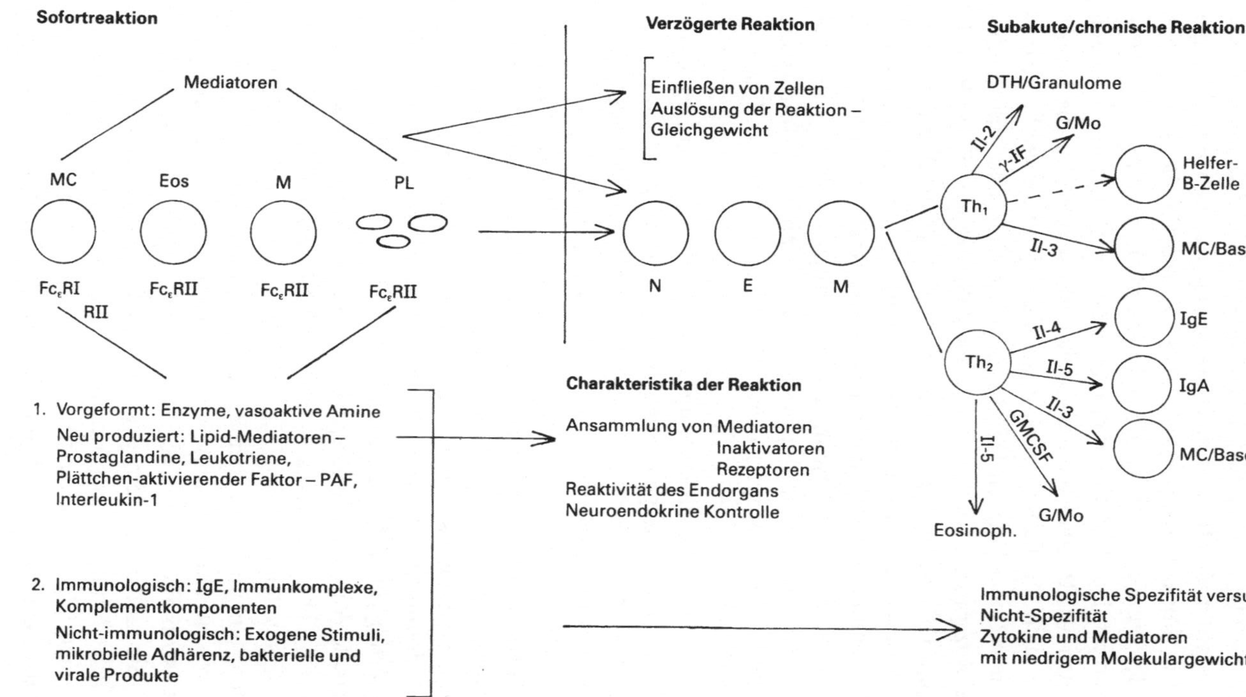

Abb. 5. Einfluß von Lipidmediatoren und Zytokinen für die Immunreaktion. *MC* Mastzelle, *Eos* Eosinophile, *M* Monozyt, *PL* Thrombozyt, *N* Neutrophiler, *G/Mo* Granulozyt/Monozyt

schwert wird [1, 3, 4, 6]. Es gibt Hinweise dafür, daß Oberflächen-Determinanten des B-Lymphozyten selber wie auch Faktoren der T-Zelle in Form von Ig-bindenden Faktoren für die Klassenspezifität der humoralen Antwort verantwortlich sind. In dieser Hinsicht kommt dem B-Zellmarker CD 23 (Fc$_\varepsilon$ RII), Il-4 und weiteren Zytokinen als Regulatoren allergischer Reaktionen für die Induktion wie auch für die Suppression der IgE-Synthese wohl eine entscheidende Bedeutung zu [15, 16, 26]. Die Tatsache, daß niedrigaffine Rezeptoren für IgE als frühe Zellmarker auf der B-Zelle vorliegen, läßt andererseits vermuten, daß lösliche Regulatormoleküle dafür sorgen, daß die Immunantwort im Rahmen einer Rückkopplung möglichst zu einer protektiven Reaktion führt [7, 8]. Inwieweit durch die Anwesenheit niedrigaffiner Fc$_\varepsilon$-Rezeptoren auf einer Vielzahl von Entzündungszellen (Makrophagen, Monozyten, Eosinophile, Thrombozyten) eine zusätzliche Regulation lymphozytärer Abläufe eingeleitet wird, ist derzeit unklar. Dennoch muß man davon ausgehen, daß IgE-induzierte Reaktionen im Gegensatz zu früheren Vorstellungen durch Bindung an hoch- sowie niedrigaffine Rezeptoren für IgE zu einer verstärkten Bildung neugenerierter wie auch präformierter Mediatoren führen.

Eosinophile oder neutrophile Granulozyten können Mediatoren produzieren, die Mastzellen oder Basophile aktivieren; so können Eosinophile kationische Proteine und LTC$_4$ freisetzen; die kationischen Proteine (wie z. B. das „Major Basic Protein") führen zur Schädigung des Epithels im Respirationstrakt und zur Verschlechterung der Zilienfunktion.

Lösliche Antigen-Antikörperkomplexe aktivieren das Komplementsystem. Die anaphylaktischen Peptide (C 3 a, C 4 a, C 5 a) führen an Mastzellen und basophilen Granulozyten zur Sekretion von präformierten und neugenerierten Mediatoren, bei neutrophilen Granulozyten, Monozyten, Makrophagen und Thrombozyten kommt es zur Freisetzung von Prostanoiden und lysosomalen Enzymen. Sie sind außerdem chemotaktisch und spasmogen aktiv. Das größere Komplementbruchstück C 3 b wie auch die terminalen Komplementkomponenten C 5 b-C 9 aktivieren Makrophagen und führen u. a. zur Eicosanoid- und Zytokin-Freisetzung.

Sensibilisierte T-Lymphozyten können nach Antigenkontakt Lymphokine freisetzen. Lymphozytäre Faktoren mit chemotaktischer Aktivität für Basophile und Eosinophile sind bekannt. Darüber hinaus können lymphozytäre Faktoren das Sekretionsausmaß modulieren und verstärken. Aktivierte Makrophagen und auch Mastzellen entlassen tryptische Enzyme, die Komplementkomponenten in biologisch aktive Spaltprodukte verwandeln. Die Bedeutung der Neuropeptide für die Induktion und Modulation immunpathologischer Vorgänge und ihr Einfluß auf die Effektorzellen des Immunsystems sind unbestritten.

Die Mastzellreagibilität kann unter dem Einfluß der umgebenden zellulären Signale verändert sein. Ob die Heterogenität der Mastzelle mit unterschiedlichen Reifungsstadien verbunden ist und inwieweit „Subpopulationen" von Mastzellen für die Topie der entzündlichen- und allergischen Erkrankung mitverantwortlich sind, bleibt abzuwarten. Das Zusammenwirken unterschiedlicher Mediatorensysteme (Komplementbruchstücke, präformierte- und neugenerierte Mediatoren wie auch Zytokine) muß somit in das Konzept allergischer und entzündlicher Erkrankungen mit einbezogen werden.

Literatur

1. Bach MK (1984) Prospects for the inhibition of leukotriene synthesis. Pharmacology 33: 515–521
2. Becker EL (1986) Leukocyte stimulation: receptor, membrane and metabolic events. Fed Proc 45: 2148–2150
3. Braquet PM, Rola-Pleszcynski M (1987) Platelet activating factor and cellular immune response. Immunology Today 8: 345–352
4. Bray MA (1986) Leukotrienes in inflammation. Agents Actions 19: 87–113
5. Bremm KD, König W, Pfeiffer P et al (1950) Effect of thiol activated toxins (streptolysin O, alveolysin, theta-toxin) on the generation of leukotrienes, leukotriene inducing and metabolizing enzymes from human polymorphonuclear granulocytes. Infect Immun 50: 844–851
6. Bremm KD, König W (1988) Die Rolle des neutrophilen Granulozyten für die mikrobielle Infektabwehr — Signalübertragung und Freisetzung proinflammatorischer Mediatoren. Dtsch Med Wochenschr 713: 392–401

7. Bujanowski-Weber J, Knöller I, Brings B et al (1988) Detection and characterization of IgE-binding factors (IgE-BF) within supernatants of the cell line RPMI-8866, normal human sera and sera from atopic patients. Immunology 65: 53–58

8. Capron A, Dessaint JP (1986) IgE receptors on inflammatory cells. Ann Inst Pasteur Immunology, Forum IgE receptors 4: 133–137 C

9. Chesnut RW, Grey HM (1986) Antigen presentation by B-cells and its significant in T-B interactions. Adv Immunol 39: 51–94

10. Coffmann RL, Ohara J, Bono MW et al (1986) B-cell stimulatory factor-1 enhances the IgE-response of lipopolysaccharide activated B-cells. J Immunol 136: 4538–4541

11. Descotes J (1988) Immunotoxicology of drugs and chemicals, 2. Aufl. Elsevier, Amsterdam

12. Durum SK, Schmidt JA, Oppenheim JJ (1985) Interleukin-1: an immunological perspective. Ann Rev Immunol 3: 263–287

13. Gordon J, Guy GR (1987) The molecules controlling B-lymphocytes. Immunology Today 8: 339–344

14. Ishizaka K (1988) IgE-binding factors and regulation of the IgE-antibody response. Ann Rev Immunol 6: 513–534

15. Kishimoto T, Hirano T (1988) Molecular regulation of B-lymphocyte response. Ann Rev Immunol 6: 485–512

16. Knöller I, Bujanowski-Weber J, Brings B et al (1989) Influence of interleukin-2 and interleukin-4 on the IgE synthesis and the IgE binding factor production by human lymphocytes in vitro. Immunology (in press)

17. König W, Pfeiffer P, Schönfeld W et al (1987) Immunpathologie des oberen Respirationstraktes. Springer, Berlin Heidelberg New York Tokyo

18. König W, Knöller I, Pfeiffer P et al (1988) Zellbiologische Mechanismen der IgE-Antikörperantwort. Allergologie 11 [Suppl]: 1-59

19. Lee T-Ch, Snyder F (1985) Function, metabolism, and regulation of platelet activating factor and related ether lipids. In: Kuo JF (ed) Phospholipids and cellular regulation. CRC Press, Boca Raton, FL, pp 1–40

20. Melchers F, Andersson J (1984) B-cell activation: three steps and their variation. Cell 37: 715–720

21. Miyajima A, Miyatake S, Schreuers J et al (1988) Coordinate regulation of immune and inflammatory response by T-cell derived lymphokines. Faseb J 2: 2462–2473

22. Morley J (1985) Platelet activating factor and asthma. Agents Actions 19: 100–109

23. Mossmann TR, Coffman RL (1987) Two types of mouse helper T-cell clone. Immunology Today 8: 223–227

24. O'Garra, Umland S, de France T et al (1988) B-cell factors are pleiotropic. Immunology Today 9: 45–54
25. Pohl LR, Satok H, Christ DD et al (1988) The immunologic and metabolic basis of drug hypersensitivities. Ann Rev Pharmacol 28: 367–387
26. Sarfati M, Fector E, Rubio-Truijillo M et al (1984) In vitro synthesis of IgE by human lymphocytes. III. IgE-potentiating activity of culture supernatants from Epstein-Barr-virus (EBV) transformed B cells. Immunology 53: 207
27. Schleimer RP et al (1985) Role of human basophils and mast cells in the pathogenesis of allergic diseases. J Allergy Clin Immunol 76: 369–374
28. Smith KA (1984) Interleukin-2. Ann Rev Immunol 2: 319–333
29. Zola H (1987) The surface antigens of human B-lymphocytes. Immunology Today 8: 308–315

Anschrift der Verfasser: Prof. Dr. W. König, Ruhr-Universität Bochum, Medizinische Mikrobiologie und Immunologie, Arbeitsgruppe für Infektabwehr, Universitätsstraße 150, D-4630 Bochum, Bundesrepublik Deutschland.

Der Einfluß der toxisch bedingten Entzündung auf die bronchiale Reagibilität

Ch. Wolf

Universitätsklinik für Arbeitsmedizin, Wien, Österreich

Einleitung

In der Erklärung der Ätiologie der bronchialen Hyperreagibilität wurde in den letzten Jahren der Entzündung ein größerer Stellenwert zuerkannt. So hat Nolte in der Letztauflage seines Asthmabuches die Entzündung der Bronchien als einen der grundlegenden Auslösermechanismen in die Definition der Asthmaerkrankung miteinbezogen. Damit wurde auch die klinische Erfahrungstatsache berücksichtigt, daß Entzündungen die bronchiale Reagibilität verändern können.

Die toxisch bedingte Entzündung bietet nun ein gutes Modell, um die Änderung der bronchialen Reagibilität nach Setzen eines entzündlichen Reizes zu beobachten. Im Gegensatz zum sogenannten „intrinsic asthma", wo die Bedeutung der inflammatorischen Komponenten nicht so offensichtlich zutage liegt, herrschen bei der Änderung der bronchialen Reagibilität nach inhalativen Reizen klare Verhältnisse vor. Hier ist es erkennbar, daß nach Einwirken einer Noxe primär eine Entzündung der Bronchien verursacht wird und eine der funktionellen Konsequenzen einer solchen Exposition die Änderung der bronchialen Reagibilität sein kann.

Der folgende Beitrag versucht anhand von Beispielen aus der Arbeitsmedizin, die Änderung der bronchialen Reagibilität nach Einwirken von Inhalationsnoxen zu beschreiben und auch zu der Frage Stellung zu nehmen, ob es nur eine Art von bronchialer Hyperreagibilität gibt oder ob wir vielmehr mehrere Formen einer bronchialen Hyperreagibilität vermuten müssen.

Methodik

Provokationsprüfung mit Histamin

Die Provokationsprüfung wurde nach dem Protokoll der Österreichischen Arbeitsgemeinschaft für klinische Atemphysiologie durchgeführt [8].

Dazu wird ein Histaminaerosol in ansteigenden Konzentrationen jeweils für zwei Minuten bei Ruheatmung inhaliert und jene Konzentration des Histamins ermittelt, die einen 20%igen Abfall des FEV 1 gegenüber dem FEV 1-Wert nach Inhalation des Verdünnungsmittels, in dem der Bronchokonstriktor gelöst ist, ergeben hätte (PC 20). Entsprechend der Verneblerleistung des von uns verwendeten Verneblers (Pariboy) wurde eine PC 20 von 1.6 mg/ml Histamin als Grenze angenommen. Eine höhere PC 20 bedeutet Normoreagibilität, eine niedrigere PC 20 Hyperreagibilität. Bezüglich weiterer Details sei auf einschlägige Publikationen verwiesen [8, 12].

Messung der Lungenfunktion

Messung in der Klinik: Die Messung der Lungenfunktion erfolgte mit einem Bodytest II der Firma Jaeger. Erfaßt wurden folgende Parameter: Inspiratorische Vitalkapazität (IVC), forcierte Vitalkapazität (FVC), 1-Sekunden-Kapazität (FEV 1), Totalkapazität (TLC), intrathorakales Gasvolumen (IGV), Residualvolumen (RV), Resistance (Raw). Als Normalwerte für diese eben genannten Parameter wurden die österreichischen Bezugswerte nach Forche verwendet [4].

Zusätzlich erfaßt wurden die Parameter der Fluß-Volumen-Kurve maximaler expiratorischer Fluß bei 75, 50 und 25% der forcierten Vitalkapazität (MEF 75, MEF 50, MEF 25) sowie der mittexpirorische Fluß (MEF 25-75). Als Normalwerte für diese Parameter wurden die Werte der Europäischen Gemeinschaft für Kohle und Stahl (EGKS-Werte) herangezogen.

Messungen in Betrieben: Die Lungenfunktionsprüfung wurde in diesen Fällen mit Geräten der Marke Vitalograph Compact durchgeführt. Registriert wurden mit Ausnahme der dem Bodyplethysmographen vorbehaltenen Parameter (TLC, IGV, RV, Raw) alle anderen zuvor erwähnten Meßgrößen.

Probanden

Die Probanden wurden gemäß ihrer Anamnese mittels eines Fragebogens bezüglich der respiratorischen Symptome, welche zum Zeitpunkt der Untersuchung bestehen, in vier Gruppen eingeteilt:

Gruppe 1: Keine Beschwerden.
Gruppe 2: Leichter Husten.
Gruppe 3: Starker Husten.
Gruppe 4: Anfallsasthma, asthmoide Bronchitis.

Vergleichskollektiv

Aus einer Gruppe von 827 mit dieser Methodik untersuchten Patienten wurden 171 Personen selektiert, die keiner inhalativen Schadstoffbelastung inklusive Rauchen unterlagen.

Beispiele für Inhalationsnoxen

Im Folgenden wird anhand von drei Beispielen von beruflich mit inhalativen Schadstoffen exponierten Personengruppen auf die Zusammenhänge zwischen Entzündung und bronchialer Reagibilität eingegangen:

Gießereien

Beruflich bedingtes Asthma in Gießereien ist nicht ungewöhnlich, da in Gießereien eine große Zahl potentiell toxischer Substanzen verwendet wird. Isozyanate als bekannte Auslöser von Asthma kommen ebenso vor wie Amine, die auch die Fähigkeit besitzen können, eine bronchiale Hyperreagibilität auszulösen [1, 6, 9, 11]. Zusätzlich sind weitere Stoffe mit irritativer Wirkung (Formaldehyd, Phenol, Ammoniak) in Verwendung. Ursprünglich wurde auf Grund von Messungen der Isozyanatkonzentrationen vermutet, daß Isozyanate bei der Entstehung des Asthmas in Gießereien eine größere Rolle spielen könnten [3]. Seit Einführung genauerer gaschromatographischer Meßmethoden mit Vermeidung fälschlich hoher Isozyanatmeßwerte wurde allerdings die Rolle der Isozyanate in der Entstehung des Asthmas in Gießereien weitgehend zurückgedrängt, da mit diesen Meßmethoden Isozyanate nicht oder nur in irrelevanten Mengen nachweisbar waren [10]. Somit dürften to-

Tabelle 1. Lungenfunktionsparameter und PC 20-Werte (mg/ml) der Gießereiarbeiter und Kontrollpersonen

Parameter	Beschwerdeklasse			
	Kontrolle		Gießer	
	1	2	1	2
FVC% SW	$107,8 \pm 16,5$	$101,5 \pm 14,0$	$114,9 \pm 20,8$	$96,7 \pm 20,4$
FEV 1% FVC	$80,2 \pm 8,8$	$78,4 \pm 7,1$	$82,2 \pm 8,5$	$82,4 \pm 8,4$
MEF 25—75% SW	$100,5 \pm 24,5$	$87,6 \pm 18,0$	$85,8 \pm 22,5$	$84,0 \pm 30,6$
PC 20 Med.	5	5,6	1,7	2
25% Perc.	1,9	1,3	1	0,4
75% Perc.	6,6	5,6	3,9	3,9
N	100	63	38	11

SW Sollwert; *Med* Median; *25% Perc., 75% Perc.* Percentile 25 bzw. 75%

xisch irritative Auslösemechanismen für diese Form von Asthmaerkrankungen verantwortlich sein.

Die hier vorgestellte Probandengruppe entstammt einer Untersuchung einer Leichtmetallgießerei. Bei dieser Untersuchung fanden sich in der Gruppe von Personen, die frei von respiratorischen Beschwerden waren, 44% hyperreagible Probanden. Im Vergleich dazu konnten wir bei einem Kollektiv beschwerdefreier nicht schadstoffbelasteter Personen lediglich bei 10% der untersuchten Personen das Vorliegen einer bronchialen Hyperreagibilität nachweisen. Dieser Unterschied war im Kruskal-Wallis-Test statistisch signifikant (p = 0.001). In der Gruppe der Personen mit respiratorischen Beschwerden fand sich kein signifikanter Unterschied der bronchialen Reagibilität zwischen schadstoffbelasteten und nicht schadstoffbelasteten Personen. Tabelle 1 zeigt die Lungenfunktionsparameter und PC 20-Werte der Gießereiarbeiter und des Vergleichskollektivs. Es bestanden hochsignifikante Zusammenhänge zwischen den Parametern FEF 25—75 und PC 20 (p = 0.0001).

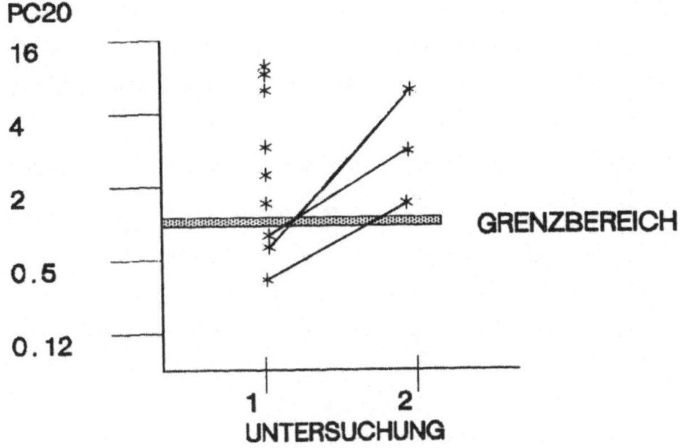

Abb. 1. PC 20-Werte (mg/ml) von Personen nach Rauchgasexposition. Abstand zwischen den Untersuchungen 4 Wochen

Rauchgasvergiftungen

Diese Gruppe wurde ausgewählt, da es zu diesem Kollektiv auch Verlaufsuntersuchungen nach einer kurzen Therapieperiode gibt. Bei den betroffenen Personen handelt es sich um Feuerwehrleute der Wiener Berufsfeuerwehr, die im Rahmen eines Einsatzes bei einem Transformatorbrand mit Rauchgas exponiert wurden. Von neun Personen zeigte sich bei drei eine bronchiale Hyperreagibilität. Diese Personen erhielten ein inhalierbares Steroid (2 × 0.8 mg Budesonid pro Tag). 4 Wochen nach der Exposition wurde eine Kontrolluntersuchung durchgeführt. Abbildung 1 zeigt die PC 20-Werte dieser Personen mit bronchialer Hyperreagibilität zu einer raschen Normalisierung dieser Hyperreagibilität kam.

Isozyanate

Auch bei dieser Gruppe liegen Verlaufsuntersuchungen vor. Es handelt sich um 67 Personen, die mindestens dreimal oder häufiger bei Untersuchungen der bronchialen Reagibilität an der Klinik waren. Der zeitliche Abstand zwischen den Untersuchungen betrug ½ Jahr. Tabelle 2 zeigt die PC 20-Werte von 16 Personen dieses

Tabelle 2. PC 20-Werte von isozyanatexponierten Personen

Nr.	AJ	PC 20-Werte (mg/ml) im Verlauf (Halbjahre)				
		1	2	3	4	5
1	3,5	4,2	0,8	0,9	*	*
2	16	3,6	1,6	1	BD	BD
3	4	1,3	0,4	0,8	1,4	1,3
4	21	4,5	2,6	11,4	*	*
5	11	1,4	6,6	4,2	1,6	*
6	5	21,3	26,6	40	20	*
7	7,5	8	4	8,8	16	16
8	2	4,7	7,2	8	*	*
9	14	2,7	6,6	4,4	*	*
10	7	0,7	2,5	11,4	20	2
11	1	1,1	1,7	2,7	*	*
12	1	0,9	1,3	3	1,4	*
13	7	0,6	4,6	3,6	*	*
14	1	1,5	0,8	4,7	3,6	*
15	8	2	1	1,9	1,6	*
16	3	0,3	1,3	2,8	0,78	*

AJ Arbeitsjahre. *BD* Bronchodilatator wurde verabreicht, keine Provokation, da FEV 1% FVC unter 60%. * Nicht untersucht. Weitere Einzelheiten siehe Text

Kollektivs mit typischen Verlaufsformen. Die Personen 1—3 zeigen eine progrediente Steigerung der bronchialen Reagibilität, die Personen 4—9 lassen keine Unterschreitung des Grenzwertes erkennen. Bei den Personen 10—13 bestand eine initiale Hyperreagibilität. Da die Personen beschwerdefrei waren, wurden sie unter engmaschigen Kontrolluntersuchungen am Arbeitsplatz belassen. Bei Kontrolluntersuchungen zeigte sich dann eine normale Reagibilität. Die Probanden 14—16 zeigen fallweise Phasen von bronchialer Hyperreagibilität mit Normalisierung bei der Kontrolluntersuchung.

Diskussion

Es wurde versucht, anhand von drei Beispielen mögliche Erscheinungsformen einer toxisch bedingten bronchialen Hyperreagibilität darzustellen. Bewußt wurde auf die Darstellung von Einzelheiten der Kollektive im Rahmen dieses Beitrages verzichtet, da dies an anderer Stelle ausführlich publiziert wurde und die Zielsetzung dieser Mitteilung eine andere ist. Wie die erhobenen Daten zeigen, bestehen enge Zusammenhänge zwischen bronchialer Entzündung, ausgedrückt durch respiratorische Beschwerden einerseits und Änderung typischer Lungenfunktionsparameter andererseits. Vor allem die Flußwerte zeigen bei diesen Untersuchungen eine signifikante Korrelation zu den PC 20-Werten.

Welche Faktoren bedingen nun den Zusammenhang zwischen Entzündung und bronchialer Hyperreagibilität? Handelt es sich um ein gleichzeitiges Auftreten unabhängiger Ereignisse, also um eine mitgeteilte Korrelation? Diese und andere Fragen lassen sich beim heutigen Wissensstand nicht eindeutig beantworten. Verschiedene Faktoren könnten eine Bedeutung haben. Diese sollen im folgenden erörtert werden:

1. Aufgrund atemmechanischer Gegebenheiten müssen direkte Verbindungen zwischen Ausgangsdurchmesser der Bronchien vor Beginn einer Änderung des Durchmessers und bronchialer Reagibilität angenommen werden.

Die Erklärung dieses Zusammenhanges kann darin gefunden werden, daß bei einer Änderung des Bronchiendurchmessers der Ausgangsdurchmesser des Bronchus vor Beginn der Änderung von maßgeblicher Bedeutung ist. Diese Änderung des Atemwegwiderstandes verhält sich gemäß der Formel:

$$D_{Raw} = (R_{rel}/R_{con})^4$$

Dabei bedeutet D_{Raw} die Änderung des Atemwegwiderstandes, R_{rel} den Radius des relaxierten Bronchus und R_{con} den Radius des kontrahierten Bronchus.

Ein Beispiel soll dies veranschaulichen: Der Ausgangsdurchmesser sei zunächst 10 Radiuseinheiten, der Bronchus verringert sich um 4 Radiuseinheiten im Durchmesser. D_{Raw} beträgt entsprechend der oben angegebenen Formel 7.7 Einheiten. Beträgt der Ausgangsdurchmesser jedoch 8 Einheiten wird sich D_{Raw} bei einer Änderung um 4 Radiuseinheiten aber um 16 Einheiten ändern. Die Änderung des Raw wird also jetzt etwa das Doppelte betragen wie in dem zuerst angeführten Beispiel.

Dies erklärt den Zusammenhang zwischen PC 20 und Ausgangsdurchmesser der Bronchien vor Beginn des Provokationstestes. Bei gleicher muskulärer Reaktion der Bronchialmuskulatur auf den Provokationsreiz wird sich im Fall eines geringeren Ausgangsdurchmessers der Bronchien eine verhältnismäßig größere Widerstandsänderung ergeben. Diese Widerstandsänderung bewirkt naturgemäß eine Behinderung des Atemflusses während des Atemstoßtestes im Rahmen der Provokationsuntersuchung. So kann eine Schleimhautschwellung oder eine Einengung des Bronchiallumens durch Sekret das Ergebnis der Provokationsuntersuchung beeinflussen, da nunmehr der als signifikant erachtete FEV 1-Abfall von 20% bei einer geringeren Konzentration des Bronchokonstriktors eintreten wird. Die eigentliche Reaktion der Bronchialmuskulatur muß dabei nicht verändert sein.

Nach einer anderen Theorie soll der Zusammenhang zwischen Entzündung und gesteigerter Bronchomotorik durch ein entzündliches Ödem, welches zu einer Auseinanderdrängung der Bronchialmuskelzellen führt, erklärt werden. Letztere werden dadurch vermehrt vorgedehnt. Da die Bronchialmuskelzellen nach einem Kraft-Spannungs-Diagramm arbeiten, kann die vermehrte Vordehnung der Muskelzellen bei einem definierten Reiz eine stärkere Kontraktion bewirken [7].

Möglicherweise wirken beide Mechanismen synergistisch. Der Zusammenhang zwischen Entzündung der Bronchien und Entwicklung der bronchialen Hyperreagibilität kann daher — zumindest in Teilen — als Folge einer geänderten Bronchomechanik gesehen werden. Die PC 20 kann daher auch ein Indikator entzündlicher Reaktionen der Bronchien sein.

2. Mögliche Existenz eines oder mehrerer vom Bronchialepithel gebildeter Bronchus-relaxierender Faktoren („epithelial derived re-

laxing factor", EpDRF) [2, 5]. Experimentelle Studien mit Abrasion der Bronchialschleimhaut lassen die Existenz des EpDRF als sehr wahrscheinlich erscheinen. Epithelschädigungen im Rahmen einer Inhalationsintoxikation könnten daher eine verminderte Synthese des EpDRF bewirken. Folge wäre eine Kontraktion der Bronchialmuskulatur und in weiterer Folge — auch unter Zugrundelegung der zuvor angeführten Zusammenhänge zwischen Ausgangsdurchmesser der Bronchien und Widerstandsänderung — eine Steigerung der bronchialen Reagibilität.

3. Auch die Möglichkeit einer Auflockerung des Bronchialepithels durch inhalative Noxen und Reizung von Irritantrezeptoren mit konsekutiver Änderung des Bronchialmuskeltonus wäre ein denkbarer Mechanismus der Entstehung einer bronchialen Hyperreagibilität nach Einwirkung von Schadstoffen.

4. Auf die möglichen anderen Folgen einer Epithelschädigung, wie Mediatorfreisetzung, Freisetzung von Neuropeptiden etc., wird im Rahmen dieses Beitrages nicht eingegangen, da im Rahmen anderer Beiträge speziell darüber berichtet wird.

Es ist nun nicht möglich, einen dieser Mechanismen als alleinverantwortlichen Faktor in der Entstehung einer bronchialen Hyperreagibilität nach Schadstoffeinwirkung anzuschuldigen. Bis zum Eintreffen weiterer Ergebnisse müssen daher die bisher vorliegenden Resultate als Arbeitshypothesen aufgefaßt werden, die zwar eine plausible Erklärung, aber keinen sicheren Beweis bringen. Es ist ja nicht einmal gewiß, ob nur einer dieser Faktoren oder mehrere zugleich für die Entstehung einer bronchialen Hyperreagibilität verantwortlich sind. Infolge Fehlens von Beweisen kann daher nur eine Beschreibung der Verhältnisse gegeben werden. Dabei zeigen sich Zusammenhänge zwischen Epithelschädigung mit Entzündung und Entstehung einer bronchialen Hyperreagibilität. Es zeigt sich weiters, daß es verschiedene Verlaufsformen der bronchialen Hyperreagibilität gibt, da die toxisch bedingte bronchiale Hyperreagibilität nach Wegfall der auslösenden Noxe eine relativ rasche Normalisierungstendenz zeigt. Der Vergleich dieser toxisch bedingten Hyperreagibilität mit der Hyperreagibilität von Personen mit sogenanntem „intrinsic asthma" zeigt, daß unter adäquater antiinflammatorischer Therapie mit inhalierbaren Steroiden die bronchiale Hyperreagibilität bei Personen mit intrinsischem Asthma eine nur allmähliche Normalisierungstendenz im Verlauf von mehreren Monaten zeigt.

Diese Befunde an schadstoffexponierten Personen zeigen auch, daß der Beobachtung der Einzelwerte der PC 20 große Bedeutung zukommt und daß mit statistischen Methoden zur Erfassung der bronchialen Reagibilität nur zu einem Zeitpunkt keine sinnvolle Information zu erzielen ist, da die bronchiale Reagibilität bei vielen Personen beträchtliche Schwankungen über den zeitlichen Verlauf zeigt. Der Mittelwert des Kollektivs von 67 isozyanatexponierten Personen zeigte zu den verschiedenen Untersuchungszeitpunkten keine wesentliche Änderung, obwohl die Einzelwerte ganz beträchtliche Schwankungen aufwiesen. Diese Befunde müssen daher mit Bedacht interpretiert werden. Nur bei eindeutigen progredienten oder anhaltenden Steigerungen der bronchialen Reagibilität und selbstverständlich bei Auftreten respiratorischer Beschwerden scheint uns ein Abziehen dieser exponierten Personen vom Arbeitsplatz gerechtfertigt zu sein.

Einmalige Verschlechterungen der bronchialen Reagibilität ohne respiratorische Beschwerden sollten Anlaß zu wiederholten kurzfristigen Kontrolluntersuchungen von Lungenfunktion und bronchialer Reagibilität sein.

Zusammenfassend kann festgestellt werden, daß es möglich ist, verschiedene Verlaufsformen der bronchialen Hyperreagibilität zu erfassen, es handelt sich dabei allerdings lediglich um eine Beschreibung der momentanen Reaktionsbereitschaft des Bronchialsystems. Es ist zum derzeitigen Zeitpunkt nicht realisierbar, den genauen Entstehungsmechanismus der bronchialen Hyperreagibilität nach Schadstoffeinwirkung darzustellen. Das Beispiel der toxisch bedingten Entzündung ist jedoch ein gutes Modell, um den Zusammenhang zwischen Entzündung und bronchialer Reagibilität aufzuzeigen.

Literatur

1. Belin L, Wass U, Audunsson G, Mathiasson L (1983) Amines: possible causative agents in the development of bronchial hyperreactivity in

workers manufactoring polyurethanes from isocyanates. Br J Ind Med 40: 251—257
2. Cuss FM, Barnes PJ (1987) Epithelial mediators. Am Rev Respir Dis 136: 32—35
3. Erban V (1987) Isozyanatasthma in einer Graugießerei. Arbeitsmed Sozialmed Präventivmed 22: 249—253
4. Forche G (1986) Erste umfassende spirometrische Untersuchungen für neue uneingeschränkt anwendbare Bezugswerte. Wien Med Wochenschr [Suppl 99] 136
5. Frossard N, Rhoden KJ, Barnes PJ (1988) Effect of epithelium removal. Endopeptidase and cyclooxygenase inhibition on airway responses to exogenous and endogenous tachykinins. Am Rev Respir Dis 137 [Suppl 4]: 308
6. Lam S, Chan-Yeung M (1980) Ethylendiamine-induced asthma. Am Rev Respir Dis 121: 151—155
7. Newman LS (1987) Structure and mechanical properties. Am Rev Respir Dis 136: 1—20
8. Österreichische Gesellschaft für Lungenerkrankungen und Tuberkulose. Arbeitsgemeinschaft für klinische Atemphysiologie. In: Zach M et al (1986) Empfehlungen zur Standardisierung der inhalativen Provokation zur Messung der bronchialen Reagibilität. Prax Klin Pneumol 40: 356—364
9. Thomas RJ, Bascom R, Yang WN, Fisher JF, Baser ME, Greenhut J, Baker JH (1986) Peripheral eosinophilia and respiratory symptoms in rubber injection press operators: a case-control study. Am J Ind Med 9: 551—559
10. Schmittner H (1984) Arbeitsmedizinische und arbeitshygienische Untersuchungen beim Cold-Box- und Maskenformverfahren. Giesserei 71: 895—902
11. Vallieres M, Cockcroft DW, Taylor DM, Dolovich J, Hargreave FE (1977) Dimethyl ethanolamine-induced asthma. Am Rev Respir Dis 115: 867—871
12. Wolf Ch (1987) Die bronchiale Reagibilitätsprüfung mit Histamin. Prax Klin Pneumol 41: 324—327

Anschrift des Verfassers: OA Dr. Ch. Wolf, Universitätsklinik für Arbeitsmedizin, Spitalgasse 23, A-1090 Wien, Österreich.

Einfluß der allergenspezifischen Entzündung auf den Fortbestand der bronchialen Hyperreaktivität

U. Costabel und *P. C. Bauer*

Abteilung Pneumologie/Allergologie, Ruhrlandklinik,
Zentrum für Pneumologie und Thoraxchirurgie, Essen,
Bundesrepublik Deutschland

Einleitung

In den letzten Jahren kam es zu einem eindrucksvollen Wandel im Verständnis der Pathogenese des Asthma bronchiale, was sich auch in der Definition niederschlug. Lange Zeit wurde das hyperreagible Bronchialsystem hervorgehoben und Asthma als „eine vorwiegend anfallsweise auftretende Atemwegobstruktion auf dem Boden eines hyperreagiblen Bronchialsystems" definiert [29]. Innerhalb der letzten drei Jahre wurde diese Definition erweitert. Sie lautet nun wie folgt: „Asthma ist eine variable und reversible Atemwegobstruktion infolge Entzündung und Hyperreaktivität der Atemwege" [30]. Der Begriff der Entzündung hat Eingang in die Asthmadefinition gefunden. Welche Erkenntnisse liegen diesem Definitionswandel zugrunde? Im Folgenden soll diese Frage für das allergische Asthma bronchiale beantwortet werden. Es geht dabei um das Verständnis der wechselseitigen Beziehungen zwischen IgE-vermittelter allergischer Typ-I-Reaktion, Entzündung der Atemwege und gesteigerter bronchialer Reaktivität (Abb. 1). Führt die allergische Typ-I-Reaktion bei entsprechend Sensibilisierten nur bei vorbestehender

                    U. Costabel und P. C. Bauer:

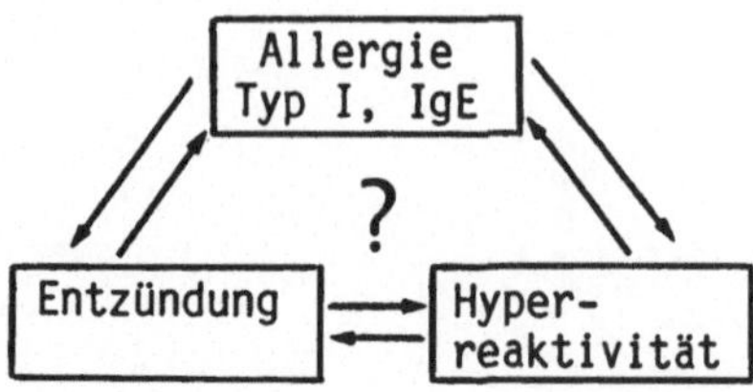

Abb. 1. Mögliche Wechselwirkungen zwischen Allergie, Entzündung und Hyperreaktivität

Hyperreaktivität zum klinisch manifesten Asthma bronchiale? Oder induziert die allergische Typ-I-Reaktion erst die Hyperreaktivität bzw. steigert sie? Oder wird die gesteigerte bronchiale Hyperreaktivität über eine zwischengeschaltete Entzündung der Bronchialschleimhaut bewirkt?

Bronchiale Hyperreaktivität und Entzündung

In jüngster Zeit haben zahlreiche neue Erkenntnisse über Zellen und Entzündungsmediatoren zur vorherrschenden Hypothese beigetragen, daß die bronchiale Hyperreaktivität und damit die klinischen Symptome des Asthmas durch eine persistierende, wechselnd stark ausgeprägte Entzündungsreaktion in den Atemwegen induziert und unterhalten wird [31, 35]. Belege hierfür sind Untersuchungen der letzten Jahre, die ergaben, daß praktisch alle Stimuli, die eine bronchiale Hyperreaktivität auslösen, auch eine akute Entzündungsreaktion der Bronchien verursachen. Zu solchen Stimuli zählen Inhalationsallergene [6], Ozon [16], Virusinfektionen [13] und Arbeitsstoffe mit allergisierender oder toxisch-irritativer Wirkung [5]. Der erste schlüssige Nachweis, daß tatsächlich ein derartiger Stimulus gleichzeitig eine gesteigerte bronchiale Reaktivität und eine akute Entzündungsreaktion der Bronchien verursacht, konnte tierexperimentell bei Hunden nach Ozoninhalation geführt werden. Parallel mit der Entwicklung einer gesteigerten Hyperreaktivität ließ sich sowohl bioptisch in der Bronchialschleimhaut als auch zytologisch in der bronchoalveolären Lavage ein Einstrom von Neutrophilen nach Ozoninhalation nachweisen [14, 20].

Im Folgenden werden die Belege aufgeführt, welche dafür sprechen, daß eine allergeninduzierte Entzündung die bronchiale Hyperreaktivität auslösen bzw. verstärken kann. Dafür gibt es drei verschiedene Ansätze: Zunächst läßt sich zeigen, daß eine saisonale Allergenexposition die bronchiale Hyperreaktivität verstärkt, eine Allergenkarenz dieselbe abschwächt. Zweitens steht fest, daß lediglich die allergische Spätreaktion, nicht aber die Sofortreaktion zur gesteigerten Hyperreaktivität führt. In einem dritten Ansatz mittels zellbiologischer Untersuchungen von Entzündungszellen und deren Mediatoren in Blut und bronchoalveolärer Lavage gelang der Nachweis, daß tatsächlich nur die allergische Spätreaktion, nicht aber die Sofortreaktion auch zu Entzündungsvorgängen in den Atemwegen führt. Daraus läßt sich folgern, daß in der Tat die allergeninduzierte Steigerung der bronchialen Hyperreaktivität über eine parallel geschaltete Entzündung vermittelt wird.

Saisonale Steigerung der bronchialen Hyperreaktivität

In epidemiologischen Studien ließ sich nachweisen, daß eine saisonale Antigenexposition zur saisonalen Variation der unspezifischen Hyperreaktivität führt. In einer australischen Studie wurden 29 Erntearbeiter mit allergischem Asthma gegen Weizen vor, während und nach der Weizenernte eines unspezifischen bronchialen Provokationstestes mit Histamin unterzogen [19]. Während der Weizenernte kam es zu einem signifikanten Anstieg der unspezifischen bronchialen Hyperreaktivität im Vergleich zu den Messungen vor und nach der Ernte. Ähnliche Befunde einer gesteigerten bronchialen Hyperreaktivität während der saisonalen Allergenexposition liegen für Patienten mit Gräserpollenallergie vor [3, 34]. Auch für die Milbenallergie gilt entsprechendes. Platts-Mills et al. [33] führten die Abnahme der unspezifischen bronchialen Hyperreaktivität während der Krankenhausbehandlung von Patienten mit schweren Asthma bronchiale auf die reduzierte Milbenexposition im Krankenhausmilieu zurück. Walshaw und Evans [36] konnten zeigen, daß nach acht Monaten gründlicher Hausstaubkarenz die bronchiale Reaktivität signifikant nachgelassen hatte.

Dorward et al. [12] führten eine randomisierte Studie mit Milben-asthmatikern durch. Bereits nach acht Wochen war in der Karenzgruppe, welche flüssigen Stickstoff zur Abtötung der Milben in Matratzen und Schlafzimmerteppichen benutzte und konsequente Hausstaubsanierungsmaßnahmen durchführte, eine signifikante Abnahme der bronchialen Hyperreaktivität zu verzeichnen, im Gegensatz zur Kontrollgruppe, welche den gewohnten Modus der Schlafzimmerreinigung beibehielt.

Gesteigerte bronchiale Hyperreaktivität nach allergischer Spätreaktion

Der erste Bericht über eine gesteigerte unspezifische bronchiale Hyperreaktivität nach arbeitsplatzbezogener Laborexposition gegenüber Rotzedern (*Thuja plicata*) bei einem sensibilisierten Patienten stammt von Cockcroft et al. [7]. Der Patient entwickelte eine Spätreaktion, gefolgt von einer über mehrere Tage hinweg persistierenden gesteigerten Histaminempfindlichkeit. Während dieser Phase der gesteigerten bronchialen Reaktion war die durch die Spätreaktion induzierte Atemwegobstruktion bereits völlig abgeklungen. Erst elf Tage später war auch die bronchiale Reaktivität wieder in den Normbereich zurückgegangen. In einer späteren, umfassenderen Arbeit von Cockcroft und Murdock [8] wurde diese Beobachtung untermauert. 19 Patienten mit Pollen- oder Tierhaarallergie wurden zwei Stunden, sieben Stunden, 30 Stunden und 5—7 Tage nach einer inhalativen Allergenprovokation einem unspezifischen bronchialen Provokationstest mit Histamin zur Überprüfung der bronchialen Hyperreaktivität unterzogen. Bei zwölf Patienten mit dualer Reaktion (Sofort- und Spätreaktion) kam es sieben Stunden nach Allergenprovokation zu einer hochsignifikanten Steigerung der Hyperreaktivität, die auch nach 30 Stunden noch nicht in den Normbereich zurückgekehrt war, und sich erst nach 5—7 Tagen wieder normalisiert hatte. Bei sieben Patienten mit isolierter Sofortreaktion kam es nicht zu einer gesteigerten Hyperreaktivität nach Allergenprovokation.

Zusammengefaßt zeigen diese Ergebnisse, wie auch die Befunde von Cartier et al. [4] und Mormile et al. [28], daß die gesteigerte unspezifische bronchiale Hyperreaktivität gleichzeitig mit, vielleicht auch geringfügig vor der asthmatischen Spätreaktion auftritt und über jede meßbare Spätreaktion hinaus persistiert. Sie wird bei Patienten mit isolierter Sofortreaktion nicht beobachtet. Daß die allergeninduzierte Spätreaktion und die gesteigerte unspezifische bronchiale Hyperreaktivität beides Manifestationen einer allergeninduzierten Entzündungsreaktion in den Atemwegen sind, wird durch die klinische Erfahrung unterstrichen, daß die allergeninduzierte Spätreaktion durch antiinflammatorische Substanzen unterdrückt werden kann (Glukokortikoide, prophylaktische Gabe von Dinatrium-Chromoglyzinsäure), während dies durch β_2-Agonisten nicht gelingt [2, 18]. Glukokortikoide hemmen nicht nur die allergeninduzierte Spätreaktion, sondern auch die damit assoziierte gesteigerte bronchiale Hyperreaktivität [9, 15].

Spätreaktion und Entzündung

Die zellulären Elemente des Entzündungsprozesses nach Allergeninhalation sind größtenteils verantwortlich für die Spätreaktion und die damit in Zusammenhang stehende gesteigerte bronchiale Hyperreaktivität [32]. Als prädisponierender Faktor für das Auftreten einer Spätreaktion gilt vor allem beim Milbenasthma das Vorkommen von hohen zirkulierenden spezifischen IgE-Antikörpern [10]. Während sowohl die Sofort- als auch die Spätreaktion IgE-vermittelte Ereignisse sind, welche mit der Degranulation von Mastzellen und entsprechender Mediatorenfreisetzung (Histamin) in Zusammenhang stehen, scheint die entscheidende Effektorzelle der Spätreaktion der eosinophile Granulozyt zu sein [22].

Dafür sprechen die in den letzten Jahren erhobenen Befunde der bronchoalveolären Lavage (BAL) beim Menschen. De Monchy et al. [27] führten während der asthmatischen Spätreaktion, d. h. 6—7 Stunden nach inhalativer Allergenprovokation, eine BAL durch und konnten dabei zeigen, daß die Eosinophilen in der Lavage vermehrt waren, während die anderen Zelltypen, die Neutrophilen eingeschlossen, sich nicht signifikant verändert hatten. Bei

Patienten mit isolierter Frühreaktion wurde der Eosinophilenanstieg nicht beobachtet. Zusätzlich konnte bei den Patienten mit Spätreaktion demonstriert werden, daß 6—7 Stunden nach Allergenprovokation das eosinophile kationische Protein (ECP) in der BAL-Flüssigkeit signifikant angestiegen war. Ein Teil der Patienten wurde bereits 2—3 Stunden nach inhalativer Provokation untersucht, dabei zeigten sich bei Patienten mit Sofort- und Spätreaktion noch keinerlei Veränderungen der Zellzusammensetzung in der BAL.

Metzger et al. [25] beschrieben ebenfalls nach inhalativer Allergenprovokation bereits nach weniger als vier Stunden einen signifikanten Anstieg der Neutrophilen und der Eosinophilen in der BAL. Nach 24 Stunden waren die Neutrophilen bereits wieder normalisiert, während die Eosinophilen noch signifikant erhöht waren. Dies könnte dafür sprechen, daß zunächst nach Freisetzung einer neutrophil-chemotaktischen Aktivität aus Mastzellen [21, 24] die Neutrophilen in die Bronchialschleimhaut einströmen, gefolgt von einem Influx der Eosinophilen, die dann länger persistieren. In diesem Zusammenhang ist auf die Rolle des plättchenaktivierenden Faktors (PAF) als die Substanz mit der größten eosinophil-chemotaktischen Aktivität hinzuweisen [1].

Nach lokaler Allergeninstillation während einer bronchoskopischen Untersuchung konnten Metzger et al. [26] auch nach 48 Stunden noch eine signifikante Vermehrung von Eosinophilen, Neutrophilen und auch Lymphozyten in der BAL-Flüssigkeit gegenüber dem Kontrolltag vor Provokation nachweisen. Nach 96 Stunden hatten sich die Neutrophilen bereits wieder normalisiert, während die übrigen Entzündungszellen immer noch vermehrt waren. Vor allem waren auch Makrophagen, welche bekanntlich bei der Vermittlung der zellulären Immunität eine Rolle spielen, noch vermehrt nachweisbar. Die Makrophagen waren nach elektronenmikroskopischen Kriterien aktiviert.

Aus einer Studie von Gonzales et al. [17] ergibt sich, daß möglicherweise auch immunregulatorische Lymphozytensubpopulationen eine Rolle bei der Auslösung der Spätreaktion spielen. In dieser Arbeit wurden die Lymphozytensubpopulationen in der BAL sechs

Stunden nach inhalativer Antigenprovokation, also auf dem Höhepunkt der zu erwartenden Spätreaktion, bei Patienten mit isolierter Sofortreaktion und bei Patienten mit dualer Reaktion bestimmt. Bei Patienten mit isolierter Sofortreaktion war eine signifikante Abnahme des Prozentsatzes an CD 4 + Helferlymphozyten und ein signifikanter Anstieg der CD 8 + Suppressor-Lymphozyten zu beobachten. Bei Patienten mit dualer Reaktion blieben diese Veränderungen aus. Dies könnte dafür sprechen, daß möglicherweise die Mobilisierung von Suppressor-T-Zellen in der Lunge nach allergeninduzierter Sofortreaktion eine protektive Wirkung hinsichtlich einer nachfolgenden Spätreaktion hat.

Bei Patienten mit berufsbedingtem Asthma (Zedernholz-Asthma) konnten Lam et al. [23] ebenfalls zeigen, daß während der allergischen Spätreaktion eine Vermehrung von Entzündungszellen, in diesem Fall der neutrophilen Granulozyten, in der BAL-Flüssigkeit zu beobachten war.

Vor kurzem wurde eine positive Korrelation zwischen der Stärke der bronchialen Hyperreaktivität und dem Prozentsatz an Entzündungszellen (Mastzellen, Eosinophile) sowie dem Eosinophilenprodukt Major Basic Protein (MBP) in der BAL-Flüssigkeit von atopischen Asthmatikern beschrieben [37]. Diaz et al. [11] konnten zeigen, daß eine 28tägige Behandlung mit Dinatrium-Chromoglycinsäure den Prozentsatz an Eosinophilen in der BAL-Flüssigkeit signifikant herabsetzte.

Schlußfolgerungen

Was kann als gesichert gelten im Zusammenhang der allergischen Entzündung und der gesteigerten bronchialen Reaktivität? Die allergen- und IgE-vermittelte allergische Typ-I-Reaktion führt zunächst zur Sofortreaktion. Diese bleibt ohne Folgen hinsichtlich einer gesteigerten bronchialen Reaktivität. Bei Patienten mit dualer Sofort- und Spätreaktion oder isolierter Spätreaktion jedoch wird eine gesteigerte bronchiale Hyperreaktivität induziert. Diese kann wiederum im Sinne eines positiven Feed-back-Mechanismus bei erneuter Allergenexposition die nachfolgenden Sofort- und Spätreaktionen verstärken. Gleichzeitig hat die durch die allergische Entzündung hervorgerufene gesteigerte bronchiale Hyperreaktivität für den Patienten auch die unangenehme Konsequenz, daß er verstärkt Symptome bei Exposition gegenüber nicht allergischen Stimuli wie chemische oder physikalische Reize entwickelt. Die zellulären und humoralen Mechanismen, insbesondere die Zellinteraktionen, die in einem Fall lediglich zur isolierten Sofortreaktion, im anderen Fall hingegen zur dualen oder isolierten Spätreaktion führen, sind allerdings noch weitgehend unklar. Die neutrophilen und eosinophilen Granulozyten werden jedoch immer mehr als bedeutende Effektorzellen in den Vordergrund gestellt.

Literatur

1. Barnes PJ, Fan Chung K, Page CP (1988) Platelet-activating factor as a mediator of allergic disease. J Allergy Clin Immunol 81: 919—934
2. Booij-Noord H, Orie NGM, de Vries K (1971) Immediate and late bronchial obstructive reactions to inhalation of house dust and protective effects of disodium cromoglycate and prednisolone. J Allergy Clin Immunol 48: 344—354
3. Boulet LP, Cartier A, Thomson NC, Roberts RS, Dolovich J, Hargreave FE (1983) Asthma and increases in nonallergic bronchial responsiveness from seasonal pollen exposure. J Allergy Clin Immunol 71: 399—406
4. Cartier A, Thomson NC, Frith PA, Roberts R, Hargreave FE (1982) Allergen-induced increase in bronchial responsiveness to histamine: relationship to the late asthmatic response and change in airway caliber. J Allergy Clin Immunol 70: 170—177
5. Chan-Yeung M, Lam S, Koerner S (1982) Clinical features and natural history of occupational asthma due to Western red cedar (*Thuja plicata*). Am J Med 72: 411—415
6. Cockcroft DW, Ruffin RE, Dolovich J, Hargreave FE (1977) Allergen-induced increases in non-allergic bronchial reactivity. Clin Allergy 7: 503—508
7. Cockcroft DW, Cotton DJ, Mink JT (1979) Nonspecific bronchial hyperreactivity after exposure to Western red cedar. Am Rev Respir Dis 119: 505—510
8. Cockcroft DW, Murdock KY (1987) Changes in bronchial responsiveness to histamine at intervals after allergen challenge. Thorax 42: 302—308

9. Cockcroft DW, Murdock KY (1987) Protective effect of inhaled albuterol, cromolyn, beclomethasone and placebo on allergen-induced early asthmatic responses, late asthmatic responses and allergen-induced increases in bronchial responsiveness to inhaled histamine. J Allergy Clin Immunol 79: 34—40
10. Crimi E, Brusasco V, Losurdo E, Crimi P (1986) Predictive accuracy of late asthmatic reactions to dermatophagoides pteronyssinus. J Allergy Clin Immunol 78: 908—913
11. Diaz P, Galleguillos FR, Gonzales MC, Pantin CFA, Kay AB (1984) Bronchoalveolar lavage in asthma: The effect of disodium cromoglycate (cromolyn) on leucocyte counts, immunoglobulins, and complement. J Allergy Clin Immunol 74: 41—48
12. Dorward AJ, Colloff MJ, MacKay NS, McSharry C, Thomson NC (1988) Effect of house dust mite avoidance measures on adult atopic asthma. Thorax 43: 98—102
13. Empey DW, Laintinen LA, Jacobs L, Gold WM, Nadel JA (1976) Mechanisms of bronchial hyperreactivity in normal subjects after upper respiratory tract infection. Am Rev Respir Dis 113: 131—139
14. Fabbri LM, Aizawa H, Alpert SE, Walters EH, O'Byrne PM, Gold BD et al (1984) Airway hyperresponsiveness and changes in cell counts in bronchoalveolar lavage after ozone exposure in dogs. Am Rev Respir Dis 129: 288—291
15. Fabbri LM, Chiesura-Corona P, dal Vecchio L et al (1985) Prednisone inhibits late astmatic reactions and the associated increase in airway responsiveness induced by toluene-diisocyanate in sensitized subjects. Am Rev Respir Dis 132: 1010—1014
16. Golden JA, Nadel JA, Boushey HA (1978) Bronchial hyperirritability in healthy subjects after exposure to ozone. Am Rev Respir Dis 118: 287—294
17. Gonzales MC, Diaz P, Galleguillos FR, Ancic P, Cromwell O, Kay AB (1987) Allergen-induced recruitment of bronchoalveolar helper (OKT 4) and suppressor (OKT 8) T-cells in asthma. Am Rev Respir Dis 136: 600—604
18. Hegardt B, Pawels R, van der Straeten M (1981) Inhibitory effect of KWD 2131, terbutaline and DSCG on the immediate and late allergen-induced bronchoconstriction. Allergy 36: 115—122
19. Hensley MJ, Scicchitano R, Saunders NA, Cripps AW, Ruhno J, Sutherland D, Clancy RL (1988) Seasonal variation in non-specific bronchial reactivity: a study of wheat workers with a history of wheat associated asthma. Thorax 43: 103—107
20. Holtzman MJ, Fabbri LM, O'Bryne PM, Gold BD, Aizawa H, Walters EH et al (1983) Importance of airway inflammation for hyperresponsiveness induced by ozone. Am Rev Respir Dis 127: 686—690

21. Kay AB (1987) Inflammatory cells in acute and chronic asthma. Am Rev Respir Dis 135: S 63—S 66

22. Kroegel C, Costabel U, Matthys H, Barnes PJ (1988) Die pathogenetische Bedeutung des eosinophilen Granulozyten. I. Morphologie, Biochemie und Effektormechanismen. Dtsch Med Wochenschr 113: 1405—1411

23. Lam S, LeRiche J, Phillips D, Chan-Yeung M (1987) Cellular and protein changes in bronchial lavage fluid after late asthmatic reaction in patients with red cedar asthma. J Allergy Clin Immunol 80: 44—50

24. Lee TH, Durham SR, Nagakura T, Iikura Y, Kay AB (1985) Neutrophil chemotactic activity in the late phase bronchial obstruction. Prog Respir Res 19: 307—314

25. Metzger WJ, Richerson HB, Worden K, Monick M, Hunninghake GW (1986) Bronchoalveolar lavage of allergic asthmatic patients following allergen bronchoprovocation. Chest 89: 477—483

26. Metzger WJ, Zavala D, Richerson HB, Moseley P, Iwamota P, Monick M, Sjoerdsma K, Hunninghake GW (1987) Local allergen challenge and bronchoalveolar lavage of allergic asthmatic lungs. Am Rev Respir Dis 135: 433—440

27. De Monchy JGR, Kauffman HF, Venge P, Koeter GH, Jansen HM, Sluiter HJ, de Vries K (1985) Bronchoalveolar eosinophilia during allergen-induced late asthmatic reactions. Am Rev Respir Dis 131: 373—376

28. Mormile F, Mattoli S, Rosati G, di Marzo A, Ciappi G (1985) Allergen-induced increase in non-allergic bronchial responsiveness to ultrasonic mist. Prog Respir Res 19: 256—265

29. Nolte D (1984) Asthma, 2. Aufl. Urban & Schwarzenberg, München Wien Baltimore

30. Nolte D (1987) Asthma, 3. Aufl. Urban & Schwarzenberg, München Wien Baltimore

31. O'Byrne PM (1986) Airway inflammation and airway hyperresponsiveness. Chest 90: 575—577

32. O'Byrne PM, Dolovich J, Hargreave FE (1987) Late asthmatic responses. Am Rev Respir Dis 136: 740—751

33. Platts-Mills TAE, Tovey ER, Mitchell EB, Moszoro H, Nock P, Wilkins SR (1982) Reduction of bronchial hyperreactivity during prolonged allergen avoidance. Lancet ii: 675—678

34. Sotomayor H, Badier M, Vervloet D, Orehek J (1984) Seasonal increase of carbachol airway responsiveness in patients allergic to grass pollen. Am Rev Respir Dis 130: 56—58

35. Ukena D, Sybrecht GW (1988) Neue Aspekte in der Pathogenese des

Asthma bronchiale. Bronchiale Hyperreaktivität. Med Klin 83: 142—148
36. Walshaw MJ, Evans CC (1986) Allergen avoidance in house dust mite sensitive adult asthma. QJ Med 58: 199—215
37. Wardlaw AJ, Dunnette S, Gleich GJ, Collins JV, Kay AB (1988) Eosinophils and mast cells in bronchoalveolar lavage in subjects with mild asthma. Relationship to bronchial hyperreactivity. Am Rev Respir Dis 137: 62—69

Anschrift des Verfassers: Priv.-Doz. Dr. U. Costabel, Abteilung Pneumologie/Allergologie, Ruhrlandklinik, Zentrum für Pneumologie und Thoraxchirurgie, Tüschener Weg 40, D-4300 Essen 16, Bundesrepublik Deutschland.

Neurale Regulationsmechanismen obstruktiver Atemwegserkrankungen

M. Kneußl

Kardiologische Universitätsklinik, Wien, Österreich

Die Regulation des Trancheobronchialsystems, sei es durch Nerven [26], Rezeptoren oder Eigenaktivität der glatten Muskulatur, ist die Grundlage für das Verstehen der Pathophysiologie des akuten und chronischen Bronchospasmus [18, 24]. Asthmatiker zeigen eine deutlich erhöhte bronchokonstriktorische Komponente auf verschiedene Reize [23, 33, 41]. Da die Änderungen des Atemwegswiderstandes sehr rasch auftreten, könnte die Ursache der bronchokonstriktorischen Hyperreaktivität, die durch Entzündung bedingt sein kann [3], sehr wohl in einer pathologisch veränderten nervalen Regulation der Atemwege liegen [3, 7, 10, 11, 20, 25]. Außerdem dürfte die Eigenaktivität [39, 40] der glatten Muskulatur selbst von nicht zu unterschätzender Bedeutung sein.

Bis Anfang der siebziger Jahre wurde angenommen, daß die Lunge, sowohl was die respiratorischen als auch die nicht respiratorischen Funktionen und im besonderen die glatte Muskulatur der Atemwege betrifft, von den zwei klassischen Komponenten des autonomen Nervensystems [30] kontrolliert wird [45], dem parasympathischen System mit cholinerger exzitatorischer Wirkung [4] und dem sympathischen System mit adrenerger inhibitorischer Wirkung [45]. Der Neurotransmitter des cholinergen Systems ist Acetylcholin, der Neurotransmitter des adrenergen Systems ist Noradrenalin. Zusätzlich zu den cholinergen und adrenergen Nerven scheinen besonders beim Menschen non-adrenerge und non-cholinerge (NANC) Nerven eine bedeutende Rolle zu spielen [1, 2, 8, 14, 32, 34, 35]. Neue Untersuchungen ergaben, daß die Neurotransmitter der NANC-Nervenfasern Peptide sind, aus diesem Grund werden diese Nerven auch als „peptiderge" Nerven bezeichnet [6, 7, 21, 22]. In den Lungen verschiedener Spezies einschließlich des Menschen, konnte eine Anzahl von Peptiden isoliert werden. In der Lunge sind Peptide an Nervenendigungen, in neuroendokrinen Zellen und in Entzündungszellen lokalisiert [7]. Inwieweit diese Peptide bei den NANC-Nerven und bei den verschiedenen Funktionen der Lunge in vivo von Bedeutung sind, ist noch weitgehend ungeklärt. Bestimmte Peptide, wie das Vasoactive Intestinale Polypeptid (VIP) und Peptid Histidin Methionin (PHM), dürfte mit größter Wahrscheinlichkeit die Überträgersubstanz des non-adrenergen inhibitorischen Systems und somit ein wichtiger — vielleicht sogar der wichtigste — endogener Bronchodilatator sein [12, 13, 15, 19, 29]. Andere Peptide, wie Substance-P (SP), Neurokinin-A (NKA) und Calcitonin Gene-Related Peptide (GRP) wurden als Neurotransmitter dem non-cholinergen exzitatorischen System zugeordnet und sind deshalb mögliche endogene Bronchokonstriktoren. Diese Peptide regulieren aber nicht nur die glatte Atemwegsmuskulatur, sondern auch die Schleimproduktion, den Tonus der Pulmonalgefäßmuskulatur [9, 16, 17, 35] und die Schleimhautpermeabilität. Aus diesem Grund ist es offensichtlich, daß diese Peptide pathophysiologisch von großer Bedeutung für die verschiedenen respiratorischen und nicht respiratorischen Funktionen der Lunge sind [28].

Die Schleimhaut des Respirationstraktes enthält die höchste Konzentration von Mastzellen im Körper mit einem durchschnittlichen Histamingehalt von 10 µg/mg Gewebe, dies entspricht einer Million Mastzellen in 1 mg Gewebe. Mastzellen finden sich in der Nase, in den Atemwegen und in der Lunge [5]. In den Atemwegen sind die Mastzellen in der Lamina propria verstreut, und zwar in der Nähe der Blutgefäße. Mastzellen konnten aber auch in nächster Nähe von myelinhältigen und nichtmyelinhältigen Nerven, die Substanz P enthalten [28], gefunden werden. Einige Neuropeptide können zu einer Degranulation von Mastzellen führen und so mastzell-vermittelte Reaktionen verursachen [27]. Ein Modell bei Menschen, bei denen eine Aktivierung von Mastzellen von einer Nervenstimulation abhängt, ist die Urtikaria. Urtikaria kann durch Sonnenlicht, Hitze, Kälte, Belastung, Druck, Kratzen und Vibration bei dafür anfälligen Individuen verursacht werden. In mehreren unabhängigen Studien konnte bewiesen werden, daß Mastzellen und die Freisetzung von Histamin aus Mastzellen bei dieser pathophysiologischen Reaktion beteiligt sind. Gleichzeitig konnte auch gezeigt werden, daß eine Stabilisierung von Mastzellen und eine dadurch bedingte Unterdrückung der Freisetzung von Histamin durch mastzell-stabilisierende Medikamente diese Reaktion hemmen kann. Da die physikalischen Stimuli eine Aktivierung von sensorischen Hautnerven bewirken, scheint es möglich, daß Neurotransmitter, wie sensorische Neuropeptide an dieser Reaktion beteiligt sind. Eine Entleerung solcher Neuropeptide in der Haut durch topische Applikation von Capsaicin verhindert sowohl Hitze- als auch Kälte-Urtikaria und dies bedeutet wohl, daß sensorische Neuropeptide für solche Formen von physiologischer Urtikaria notwendig sind.

Zusammenfassend läßt sich demnach feststellen, daß Neuropeptide teilweise über Mastzellen-Aktivierung wirken [27, 31, 37, 38].

Wirkt Vasoaktives Intestinales Polypeptid (VIP) in der Lunge entzündungshemmend?

VIP ist ein Polypeptid von 28 Aminosäuren und findet sich in der Lunge der Menschen und der Tiere. VIP und verwandte Substanzen, wie Peptid Histidin Methionin (PHM) sind wahrscheinlich die wichtigsten Überträgersubstanzen des non-adrenergen inhibitorischen Systems. VIP ist das potenteste endogene Atemwegrelaxans, das bis jetzt gefunden werden konnte und auch gleichzeitig einen protektiven Effekt gegenüber gewissen bronchokonstriktorischen Reizen besitzt. VIP konnte an Neuronen und Nervenendigungen der glatten Atemwegsmuskulatur, der Bronchialdrüsen und in Lungen und Bronchialgefäßen gefunden werden. Die Dichte der VIP immunreaktiven Nerven nimmt von zentral zu den peripheren Atemwegen hin ab. VIP-Rezeptoren wurden sehr zahlreich in der glatten Muskulatur der Pulmonalgefäße sowie in den großen, jedoch nicht den kleinen Luftwegen gefunden. Das Epithel der Atemwege, die submukösen Drüsen und die Alveolarwände scheinen ebenfalls keine VIP-Rezeptoren zu besitzen. Die VIP-Bindung an den Rezeptor resultiert in einem Anstieg von zyklischem AMP durch Aktivierung von Adenylzyklase. Es gibt Beweise, daß VIP immunreaktive Nerven in Verbindung mit cholinergen Nerven verlaufen, deshalb dürfte VIP wahrscheinlich der Kotransmitter zu Acetylcholin sein. VIP und PHM, die beide ähnliche Wirkungen haben, sind deshalb mögliche funktionelle Antagonisten von Acetylcholin. VIP und PHM sind jedoch auch sehr potente Vasodilatatoren, die den Blutfluß in cholinerg kontrahierter Atemwegsmuskulatur erhöhen. Wenn jedoch VIP und PHM durch Peptidasen, die von Entzündungszellen freigesetzt werden, aufgespalten werden, führt dies zu gesteigerten cholinergen Reaktionen und somit zu Bronchokonstriktion.

Die Wirkung von VIP auf Entzündungszellen dürfte bei der Regulation von bestimmten Funktionen der Lunge bzw. bei der Hemmung von Entzündungsprozessen von Bedeutung sein. VIP kommt in vielen Entzündungszellen, wie Mastzellen, Neutrophilen, mononuklearen Zellen und Eosinophilen vor. Generell hemmt VIP die Freisetzung von Entzündungsmediatoren durch zyklische AMP-abhängige Mechanismen. VIP hemmt ebenso T-Lymphozyten und die Plättchenaggregation und wirkt protektiv gegenüber Mediatoren, die durch eine akute Entzündung und akute Lungenschädigung freigesetzt werden. Nicht zuletzt hemmt VIP die bronchokonstriktorische Wirkung von Histamin, Prostaglandin F-2-Alpha, Leukotrienen und Platelet Activating Factor (PAF) [31, 38].

Ob VIP oder analoge Substanzen in der Therapie des Asthma bronchiale und anderer entzündlicher Lungenerkrankungen effektiv ist, muß in Zukunft noch geklärt werden; auf alle Fälle sind diese Substanzen wichtige Gegenspieler bei der Bronchokonstriktion, der Vasokonstriktion und bei entzündlichen Prozessen.

Auf der anderen Seite gibt es Neuropeptide mit entzündungsfördernder Wirkung, die von sensorischen Nerven in den Atemwegen freigesetzt werden. Tachykinine, wie Substanz P und Neurokinin-A wirken an verschiedenen Tachykininrezeptoren, besonders in den kleinen Atemwegen. Die konstriktorische Wirkung wird durch phosphoinositide Hydrolyse ausgelöst.

Zusammenfassend läßt sich feststellen, daß die Peptide in der Lunge Entzündungsprozesse modulieren [43, 44] und nicht nur, wie bisher angenommen, den Muskeltonus regulieren.

Für die ausgezeichnete Abfassung des Manuskriptes danke ich Frau Ingrid Lackinger.

Literatur

1. Barnes PJ (1984) The third nervous system in the lung: physiology and clinical perspectives. Thorax 39: 561—567
2. Barnes PJ (1986) Neural control of human airways in health and disease. Am Rev Respir Dis 134: 1289—1314
3. Barnes PJ (1987) Inflammatory mediator receptors and asthma. Am Rev Respir Dis 135: 26—31
4. Bianchi A, de Vleeschower GR (1962) Effect of various pharmacological compounds on the vagal induced lung constriction. Arch Int Pharmacodyn Ther 135: 427—480
5. Bienenstock J, Perdue M, Blennerhassett M, Stead R, Kakuta N, Sestini P, Vancheri C, Marshall J (1988) Inflammatory cells and the epithelium. Am Rev Respir Dis 138: 31—34
6. Burnstock G (1972) Purinergic nerves. Pharmacol Rev 24: 509—581
7. Casale TB, Busse WW, Kaliner MA, Said SI, Barnes PJ (1988) Neuropeptides in the pathogenesis of lung inflammation. Am Rev Respir Dis 138: 1053—1055
8. Chesrown SE, Venugopalam CS, Gold WM, Drazen JM (1980) In vivo demonstration of nonadrenergic inhibitory innervation of the guinea pig trachea. J Clin Invest 65: 314—320
9. Colebatch HJ, Dawes GS, Goodwin JW, Nadeau RA (1965) The nervous control of the circulation in the foetal and newly expanded lungs of the lamb. J Physiol (Lond) 178: 544—562
10. Daley R (1957) The automatic nervous system in its relation to some forms of heart and lung disease. Br Med J 2: 173—184

72   M. Kneußl:

11. Davis C, Kannan MS, Jones TR, Daniel EE (1982) Control of human airway smooth muscle: in vitro studies. J Appl Physiol 53: 1080—1087
12. De Nucci G, Moncada S (1987) Release of vasoactive substances from guinea pig isolated lungs perfused via the trachea. Am Rev Respir Dis 135: 39—41
13. Dey RD, Shannon Jr WA, Said SI (1981) Localization of VIP-immunoreactive nerves in airways and pulmonary vessels of dogs, cats and human subjects. Cell Tissue Res 220 P: 231—238
14. Diamond L, O'Donnell M (1980) A nonadrenergic vagal inhibitory pathway to feline airways. Science 208: 185—188
15. Diamond L, Szarek JL, Gillespie MN, Altiere RJ (1983) In vivo bronchodilator activity of vasoactive intestinal peptide in the cat. Am Rev Respir Dis 128: 827—832
16. Dowing SE, Lee JC (1980) Nervous control of the pulmonary circulation. Ann Rev Physiol 42: 199—210
17. El-Bermani AI (1978) Pulmonary nonadrenergic innervation of rat and monkey: A comparative study. Thorax 33: 167—174
18. Gaylor JB (1934) The intrinsic nervous mechanism of the human lung. Brain 57: 143—160
19. Goyal RK, Rattan S, Said SI (1980) VIP as a possible neurotransmitter of noncholinergic nonadrenergic inhibitory neurons. Nature 288: 378—380
20. Gross NJ, Skorodin MS (1984) Role of the parasympathic system in airway obstruction due to emphysema. N Engl J Med 311: 421—425
21. Irvin CG, Boileau R, Tremblay J, Martin RR, Macklem PT (1980) Bronchodilatation: noncholinergic, nonadrenergic mediation demonstrated in vivo in the cat. Science 207: 791—792
22. Irvin CG, Martin RR, Macklem PT (1982) Nonpurinergic nature and efficacy of nonadrenergic bronchodilatation. J Appl Physiol 52: 562—569
23. Kneussl MP, Richardson JB (1978) Alpha-adrenergic receptors in human and canine tracheal and bronical smooth muscle. J Appl Physiol 45: 307—311
24. Kneussl MP (1984) Die Entwicklung der autonomen Regulation des Tracheobronchialsystems. Atemweg Lungenerk 10: 82—86
25. Kneussl MP, Kummer F (1984) Role of the parasympathic system in airway obstruction due to emphysema. N Engl J Med 311: 1379—1380
26. Larsell G, Dow RS (1933) The innervation of the human lung. Am J Anat 52: 125—146
27. Lazarus SC (1987) The role of mast cell-derived mediators in airway function. Am Rev Respir Dis 135: 35—38
28. Lundberg JM, Hoekfelt T, Kewenter J, Petterson G, Ahlman H, Edin

R, Dahlstrom A, Nilsson G, Terenius L, Uvnas-Wallensten K, Said SI (1979) Substance P-, VIP- and enkephalin-like immunoreactivity in the human vagus nerve. Gastroenterology 77: 468—471

29. Matsuzaki Y, Hamasaki Y, Said SI (1980) Vasoactive intestinal peptide: a possible transmitter of nonadrenergic relaxation of guinea pig airways. Science 210: 1252—1253

30. Nadel JA, Barnes PJ (1984) Autonomic regulation of the airways. Ann Rev Med 35: 451—467

31. Peters SP, Freeland HS, Kelly SJ, Pipkorn U, Naclerio RM, Proud D, Schleimer RP, Lichtenstein LM, Fish JE (1987) Is leukotriene B_4 an important mediator in human IgE-mediated allergic reactions? Am Rev Respir Dis 135: 42—45

32. Richardson JB, Bouchard T (1975) Demonstration of a nonadrenergic inhibitory nervous system in the trachea of the guinea pig. J Allergy Clin Immunol 56: 473—480

33. Richardson J (1975) Pharmacologic studies of Hirschsprung's disease on a murine model. J Pediat Surg 10: 875—884

34. Richardson JB, Beland J (1976) Nonadrenergic inhibitor nervous system in human airways. J Appl Physiol 41: 764—771

35. Richardson JB, Fergusson CC (1979) Neuromuscular structure and function in the airways. Fed Proc 38: 202—208

36. Richardson JB (1986) Morphology of the pulmonary circulation. J Critical Care 1: 91—94

37. Said SI, Kitamura S, Yoshida T, Preskitt J, Holden LD (1974) Humoral control of airways. Ann NY Acad Sci 221: 103—114

38. Samuelsson B (1983) Leukotrienes: mediators of immediate hypersensitivity reactions and inflammation. Science 220: 565—568

39. Stephens NL, Kroeger EA, Kromer U (1975) Induction of a myogenic response in tonic airway smooth muscle by tetrathylammonium. Am J Physiol 228: 628—632

40. Suzuki A, Morita K, Kuriyama A (1976) Innervation and properties of the smooth muscle of the dog trachea. Japan J Physiol 26: 303—320

41. Thompson NC, Daniel EE, Hargreave FE (1982) Role of smooth muscle alpha 1-receptors in nonspecific bronchial responsiveness in asthma. Am Rev Respir Dis 26: 521—525

42. Vanhoutte PM (1981) Why is acetylcholine a vasodilator? In: Vanhoutte PM (ed) Vasodilatation. Raven Press, New York, p 67

43. Vanhoutte PM (1988) Epithelium-derived relaxing factor(s) and bronchial reactivity. Am Rev Respir Dis 138: 24—30

44. Wasserman SI (1987) The regulation of inflammatory mediator production by mast cell products. Am Rev Respir Dis 135: 46—48
45. Widdicombe JG (1963) Regulation of tracheobronchial smooth muscle. Physiol Rev 43: 1—37

Anschrift des Verfassers: Dr. M. Kneußl, Kardiologische Universitätsklinik, Garnisongasse 13, A-1090 Wien, Österreich.

Die Rolle der Alveolen beim Asthma bronchiale — Hypothesen und Befunde

H. Morr

Klinik für Lungen- und Bronchialerkrankungen Waldhof Elgershausen, Greifenstein, Bundesrepublik Deutschland

Nicht einmal die Avantgarde der Pneumologen würde akzeptieren, das Asthma bronchiale als eine Erkrankung der Alveolen zu definieren. Dennoch: man mußte in den letzten Jahren lernen und auch realisieren, daß Asthma bronchiale nicht allein mit Allergie oder auch allein mit Dysregulation des autonomen Nervensystems beschrieben werden kann und daß Asthma bronchiale auch keine Mastzellkrankheit ist, sondern das Resultat vielfältiger, sich gegenseitig beeinflussender Störungen darstellt, die auch ganz grundlegende Reaktionsprinzipien des Organismus betreffen (Abb. 1). Eine gemeinsame Wegstrecke in der Pathophysiologie des Asthma bronchiale ist sicher die entzündliche Reaktion. An ihr ist aber, geht man dem Grundsatz nach von inhalativen Primärnoxen aus, das gesamte Atmungsorgan beteiligt, d. h. nicht nur die Atemwege, sondern auch der Alveolarraum. Alveolen gewinnen damit über die hier bewußt nicht berücksichtigten physikalischen Verhältnisse von Ventilation und Perfusion hinaus mit ihrer Ultrastruktur Bedeutung an dem Gesamtkonzept der Pathophysiologie des Asthma bronchiale, einige sicher unvollständige Gedanken zu diesem Konzept will ich versuchen verständlich zu machen.

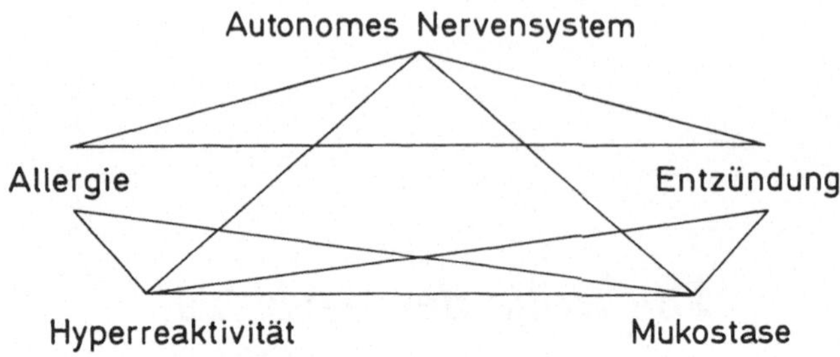

Abb. 1. Pathogenese des Asthma bronchiale — multifaktorielle Störungen mit Beteiligung verschiedener Reaktionsprinzipien in den Atemwegen

Die Oberflächenstruktur der Lungenalveole wird von Epithelzellen gebildet, wobei aufgrund zytoplasmatischer Differenzierung Pneumozyten I und Pneumozyten II unterschieden werden können [12]. Etwa 90% der Alveolarinnenfläche wird von sehr dünnen, lichtmikroskopisch nicht erkennbaren Ausläufern der Pneumozyten I eingenommen, gegen das Interstitium und die unmittelbar anliegenden Kapillaren der Alveolarwand sind die Zellen durch eine Basallamelle abgegrenzt. Die Pneumozyten II liegen in der Regel einzeln in den Nischen der Alveolarwand und ragen mit ihren Zellkuppen in das Alveolarlumen hinein. Die Zelloberfläche ist durch eine Mikrovillistruktur charakterisiert, die biologische Bedeutung der Pneumozyten II liegt vor allem in der Produktion von Surfactant. Die sehr schmale gewebliche Struktur zwischen den Alveolen wird überwiegend von den Alveolarkapillaren gebildet, die netzförmig um die Alveolen angeordnet sind. Die Kapillarwand ist mit dünnen Zytoplasmaausläufern der Endothelzellen gleichmäßig und tapetenartig ausgekleidet. Zwischen den Kapillaren liegen einzelne Fibrozyten und zarte Kollagenfaserzüge, die das Stützgerüst für die Alveolarstruktur darstellen. Über das Lungeninterstitium in die Alveolen hinein gelangen die Alveolarmakrophagen. Der überwiegende Teil stammt von Blutmonozyten ab, darüber hinaus finden sich im Interstitium pluriputente histiozytäre Zellelemente, die sich bei Bedarf rasch zum Alveolarmakrophagen differenzieren können und damit jederzeit die notwendige Abwehr gegen jede Art exogener Noxen gewährleisten.

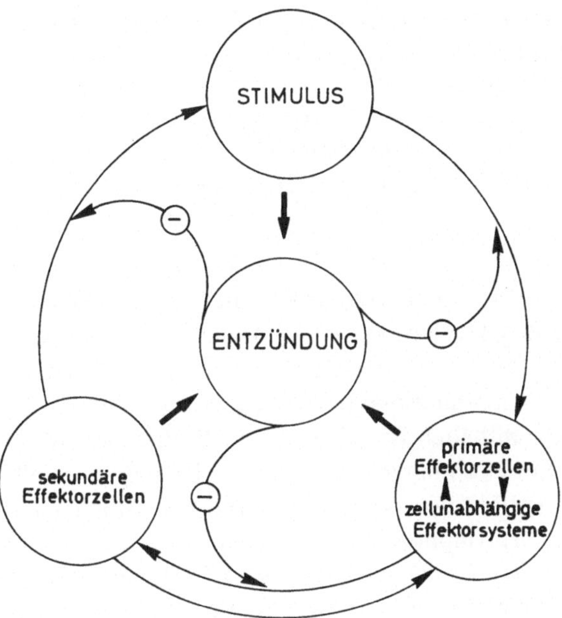

Abb. 2. Pathophysiologie des Asthma bronchiale: unspezifische Entzündungsphase

Betrachtet man in Kenntnis der morphologischen Bauelemente des Alveolarraumes den beim Asthma bronchiale ablaufenden Entzündungsvorgang und realisiert, daß dieser vereinfacht einen Zirkel beschreibt, der den primären Stimulus, also die schädigende Noxe, verschiedene primäre und sekundäre Effektorzellen mit einer Vielfalt von ihnen abgegebenen Mediatorsubstanzen, zellunabhängige Effektorsysteme, wie Komplement- und Gerinnungskaskade, sowie Kininsystem und schließlich den Entzündungsvorgang begrenzende Mechanismen einbindet, dann werden Qualität und Quantität von Alveole und Interstitium am Gesamtkonzept des Entzündungsprozesses leichter verständlich (Abb. 2). Zu den primären in den Entzündungsprozeß eingreifenden Effektorzellen gehören nämlich nicht nur die Epithelzellen der Bronchialschleimhaut und Mastzellen, sondern auch Alveolarmakrophagen sowie die pulmonalen Gefäßendothelzellen.

Tabelle 1. Alveolarmakrophagen — Enzyme und Mediatoren

Proteasen, Hydrolasen

Plasminogen-Aktivatoren, Elastasen, Kollagenasen, Komplement-,
  Gerinnungsfaktoren, Alpha- und Beta-Interferon, Interleukin I

Leukotriene, Prostaglandine, HETEs, Thromboxan, PAF

Es ist bekannt und ausreichend auch für den Menschen abge-
sichert, daß Alveolarmakrophagen eine ganze Armada von Enzymen und Mediatoren freisetzen, die den humoralen und zellulären
Arm der Entzündungsreaktion modulieren (Tabelle 1). Makropha-
gengranula enthalten Proteinasen und Hydrolasen. Makrophagen
sezernieren Plasminogenaktivatoren, Elastasen, Kollagenasen,
Komplementfaktoren, Gerinnungsfaktoren, Alpha- und Beta-Interferon sowie lymphozytenaktivierende Faktoren wie Interleukin I.
Wichtige Entzündungsmediatoren sind Produkte aus Bauelementen
ihrer Zellmembranen, hierzu gehören die Leukotriene B_4, C_4, D_4
und E_4, verschiedene Hydroxyeicosatetraensäuren, die Prostaglandine E_2, F_2 und A_2 sowie Thromboxan und der plättchen-
aktivierende Faktor (PAF) [1, 2, 4, 6, 7, 10]. Schließlich sind Alveolarmakrophagen in der Lage, über einen noch nicht näher definierten Faktor aus basophilen Leukozyten und Mastzellen Histamin freizusetzen [19].

Während global die biologische Aufgabe der aus Makrophagen
freigesetzten Substanzen im Rahmen der lokalen Abwehr und Entzündungsreaktion nachvollziehbar erscheint, sind die Vorstellungen
über die Wertigkeit der einzelnen Mediatoren noch unscharf und
in vitro erhobene Kenndaten stimmen mit denen aus In-vivo-Untersuchungen nicht a priori überein. Von den in Alveolarmakrophagen gebildeten und auf unterschiedlichen inhalativen aber auch
systemischen Reizen freigesetzten Mediatoren wird dem Leukotrien
B_4 und dem PAF eine größere Bedeutung zugeschrieben. Leukotrien B_4 ist besonders dadurch charakterisiert, daß es chemotaktisch
auf polymorphzellige Granulozyten und Monozyten einwirkt. An
durch bronchoalveoläre Lavage gewonnenen humanen Alveolar-

Tabelle 2. Alveolarmakrophagen — biologische Bedeutung von LTB_4

Chemotaktische Aktivität gegenüber polymorphzelligen Granulozyten und Monozyten

Verstärkung der ersten Phase der Entzündungsreaktion durch Rekrutierung von Blutmonozyten, die sich im Alveolarraum zu Makrophagen differenzieren

---

Tabelle 3. Plättchenaktivierender Faktor — biologische Aktivitäten

---

Induktion einer unspezifischen bronchialen Hyperreaktivität

Rekrutierung von Eosinophilen

Bronchokonstriktion

Stimulierung der Schleimsekretion

Steigerung der mikrovaskulären Permeabilität

---

makrophagen konnte die Arbeitsgruppe um Martin zeigen, daß sich die chemotaktische Aktivität von Leukotrien B_4 in vitro vorrangig gegen Blutmonozyten und weniger gegen ortsständige Alveolarmakrophagen richtet [10]. Dies legt die Annahme nahe, daß der biologische Sinn der Freisetzung von Leukotrien B_4 aus Alveolarmakrophagen im Alveolarraum oder im Interstitium darin besteht, in der ersten Phase die Entzündungsreaktion dadurch zu verstärken, daß Phagozyten aus dem Blut in die Lunge herangezogen werden. Bei der Differenzierung der Blutmonozyten in Alveolarmakrophagen verlieren diese dann ihre chemotaktische Reaktionsbereitschaft, während ihre Fähigkeit Leukotrien B_4 zu produzieren und freizusetzen erhalten bleibt (Tabelle 2).

In der Pathophysiologie des Asthma bronchiale wird heute lebhaft ein Zusammenhang mit dem plättchenaktivierenden Faktor (PAF) diskutiert (Übersicht in [8]). Dieses Postulat gründet sich vor allem darauf, daß die Inhalation von PAF alle wesentlichen Merkmale der klinischen Symptomatologie des Asthma bronchiale hervorruft und daß PAF eine selektive Rekrutierung von Eosinophilen in der Lunge induziert und — mit Ähnlichkeit nach Antigengabe bei Allergikern — eine unspezifische bronchiale Hyperreaktivität am gesunden Menschen auslösen kann (Tabelle 3) [3, 13, 18].

Wenngleich PAF in verschiedenen Zellen gebildet wird (z. B. in Basophilen, Neutrophilen, Monozyten, Makrophagen, Eosinophilen, Thrombozyten, Lungenmastzellen, Endothelzellen sowie Embryonalzellen) dürften Alveolarmakrophagen wiederum eine prominente Rolle spielen. So gelang es in vitro Alveolarmakrophagen durch Antigen oder Anti-IgE zur Freisetzung von PAF zu stimulieren, Versuche die mit Thrombozyten und neutrophilen Granulozyten negative Ergebnisse erbrachten [1, 9]. PAF ist sicher nicht der einzige relevante Entzündungsmediator in der Pathophysiologie des Asthma bronchiale, bei dem bisherigen Kenntnisstand spricht aber vieles dafür, in dem PAF eine Art Zündfunke für anaphylaktische und entzündliche Prozesse zu sehen, wobei die Alveolarmakrophagen als Zielzelle in vorderster Linie diesen Mediatoren nach exogenem Reiz freigeben und der Entzündungsprozeß dann unter anderem via eosinophile Zellen autonom und sich selbst perpetuierend abläuft.

Bezüglich eines biologischen Sinns der Involvierung von Alveolarmakrophagen in die initiale Phase auch der asthmatischen Reaktion ist ein weiterer Aspekt zu erwähnen, der weniger von einem einzelnen Mediator, als vielmehr von der Summe aller bestimmt wird. Realisiert man, daß Alveolarmakrophagen etwa 90% aller Zellen in den Atemwegen ausmachen und die Oberfläche bekleiden, hingegen die an der Entzündungsreaktion weiter beteiligten Zellen vorrangig in den tieferen Schichten der Submukosa zu finden und den exogenen Noxen nicht unmittelbar zugänglich sind, dann sind die aus Alveolarmakrophagen nach Kontakt mit der Noxe freigesetzten Mediatoren auch dafür verantwortlich zu machen, daß sie die Permeabilität der Mukosa alterieren und somit den Weg für einen Kontakt zu Mastzellen und Eosinophilen freigeben, der sonst nicht möglich wäre.

Die Freisetzung von für die Entzündungsreaktion so entscheidenden Enzymen und Mediatoren aus Alveolarmakrophagen impliziert natürlich die Existenz spezifischer Rezeptoren auf der Oberfläche der Zellen. In der Tat sind spezifische Rezeptoren für die Immunoglobuline E und G sowie für die Komplementfaktoren C_1 und C_3 gesichert worden, wobei interessanterweise die Zahl der IgE-Fc-rezeptorpositiven Alveolarmakrophagen bei atopischen Individuen größer als bei Nichtatopikern ist und sich die IgE-Bindung an die IgE-Fc-Rezeptoren durch eine vergleichsweise zu Mastzellen und Basophilen geringere Affinität auszeichnet [16].

Die Existenz spezifischer Rezeptoren für Immunglobuline und Komplementfaktoren unterstreicht ein weiteres Mal die Hypothese, daß Alveolarmakrophagen bei Antigeninhalation oder via Aktivierung des Komplementsystems in die Entzündungsreaktion unmittelbar miteinbezogen sind und daß dies keine rein spekulative Interpretation von In-vitro-Daten allein ist, ist nun durch Untersuchungen am Menschen speziell bei Asthmatikern belegt worden. Die Arbeitsgruppe um Tonnel hat bereits 1983 Ergebnisse von Untersuchungen an Patienten mit allergischem Asthma bronchiale publiziert, bei denen eine einseitige intraalveoläre Instillation von Hausstaubmilbenallergenen zu einer signifikanten Erhöhung von Beta-Glukoronidase in der bronchoalveolären Lavage führte, dies im Gegensatz zur kontralateralen nichtprovozierten Lunge und zu gesunden Probanden [21]. Die Freisetzung des lysosomalen Enzyms Beta-Glukoronidase aus Alveolarmakrophagen kann als relativ spezifisches Kriterium für aktivierte Alveolarmakrophagen gelten und korreliert eng mit anderen Makrophagenprodukten, insbesondere mit PAF. In späteren Untersuchungen unter etwa gleichen Bedingungen wurde nach Antigeninstallation auch eine Erhöhung von Prostaglandin D_2 und 15-Hydroxyeicosatetraensäure nachgewiesen, wobei es wahrscheinlich schien, daß diese Mediatoren eher aus Alveolarmakrophagen und nicht etwa aus Mastzellen freigesetzt wurden [14]. Zell- und elektronenmikroskopische Studien nach intraalveolärer Antigeninstillation und bronchoalveolärer Lavage bei Patienten mit allergischem Asthma bronchiale liegen schließlich von der Arbeitsgruppe um Metzger vor: Sie zeigen unmittelbar nach Antigeninstillation neben einer Vermehrung von

Tabelle 4. Pulmonale Endothelzellen

Wichtige eigene Mediatoren: Leukotrien B_4, Prostacyclin

Schädigung der Endothelbarriere durch Produkte aus aktivierten Granulozyten: Proteasen, Sauerstoffradikale, Arachidonsäuremetaboliten

---

Neutrophilen, Eosinophilen und T-Helfer-Zellen ein rasches Erscheinen aktivierter Alveolarmakrophagen und eine weitere Zunahme dieser Zellen nach 48 Stunden als Beleg dafür, daß eine neue Population von Monozyten über chemotaktische Faktoren den Alveolarraum erreicht haben [11].

Resümiert man mit gebotener Vorsicht In-vitro und In-vivo-Studien, Ergebnisse von Mediatoren- und Rezeptoranalysen und schließlich auch von Untersuchungen am Patienten selbst, dann dürfte heute als richtig akzeptiert werden können, daß Alveolarmakrophagen im Konzert der pathophysiologischen Ereignisse beim Asthma bronchiale eine signifikante Rolle spielen. Daß diese Rolle keinen Solopart darstellt, sollte auch verständlich geworden sein.

Einige kurze Anmerkungen zu den pulmonalen Endothelzellen (Tabelle 4). Auch sie sind zu den primären Effektorzellen der Entzündung zu rechnen, antworten in der Primärphase auf einen intravaskulären Stimulus (z. B. Komplementfaktoren) und sind bezüglich inhalativer Noxen erst bei Desintegration der Alveolarwand in den Ablauf der Entzündungsgeschehnisse involviert. Über aus Endothelzellen freigesetztes Leukotrien B_4 werden sekundäre Effektorzellen vor allem Granulozyten rekrutiert. Ein weiterer wichtiger endothelialer Mediator ist das Prostacyclin, unter dessen Einfluß die vaskuläre Permeabilität deutlich vergrößert wird [17].

Die Gedanken zu den intraalveolären Vorgängen beim Asthma bronchiale und dabei vorrangig zum Ablauf der Entzündungsreaktion lassen gewisse Ähnlichkeiten, aber auch Parallelen zu Erkrankungen der Lunge erkennen, deren Pathophysiologie weitgehendst durch die klassischen Kaskadensysteme (Kallekrein-Kinin-System, Komplementsystem, Gerinnungskaskade) und den

Arachidonsäuremetabolismus gekennzeichnet sind. Hierzu rechnet man das akute Atemnotssyndrom des Erwachsenen und den Lungeninfarkt, aber auch die Schädigungen der Lunge durch Hyperoxie und toxische Gase wie Ozon oder NO_2 oder Schädigungen durch Medikamente, wie z. B. Nitrofurantoin oder Bleomycin [5, 15, 20]. Bei all diesen Krankheitsbildern sind eine Vielzahl von ortsständigen und aus der Blutbahn herangezogenen Zellen mit einer Vielzahl von ihnen liberierten Mediatoren und Enzymen beteiligt. Daß letztendlich bei der einen Krankheit mehr die Geschehnisse in der Bronchialwandung, bei der anderen die Geschehnisse im Alveolarraum für die sich entwickelnde klinische Symptomatik verantwortlich werden, dürfte mit der primären Deposition und Lokalisation des schädigenden Agens begründet werden können — aber auch hier bleiben noch manche Fragen offen.

Literatur

1. Arnoux B, Joseph M, Simoes MH, Tonnel AB, Duroux P, Capron A, Benveniste J (1987) Antigenic release of PAF-acether and β-glucuronidase from alveolar macrophages of asthmatics. Bull Eur Physiopathol Respir 23: 119
2. Cohen AB, Chenoweth DE, Hugli TE (1982) The release of elastase, myeloperoxidase, and lysozyme from human alveolar macrophages. Am Rev Respir Dis 126: 241
3. Cuss FM, Dixon CMS, Barnes PJ (1986) Effects of inhaled platelet activating factor on pulmonary function and bronchial responsiveness in man. Lancet ii: 189
4. Fels AO, Pawlowski NA, Cramer EB, King TKC, Cohn ZA, Scott WA (1982) Human alveolar macrophages produce leukotrien B_4. Proc Natl Acad Sci USA 79: 7866
5. Harada RN, Bowman CM, Fox RB, Repine JE (1982) Alveolar macrophage secretions. Initiators of inflammation in pulmonary oxygen toxicity? Chest 81 [Suppl]: 52 S
6. Kay AB (1986) The cells causing airway inflammation. Eur J Respir Dis 69 [Suppl 147]: 38
7. Laviolette M, Chang J, Newcombe DS (1981) Human alveolar macrophage: a lesion in arachidonic acid metabolism in cigarette smokers. Am Rev Respir Dis 124: 397
8. Lichterfeld A, Frey G, Brecht HM (1988) Der Plättchen-aktivierende Faktor (PAF) und seine mögliche Rolle beim Asthma bronchiale. Prax Klin Pneumol 42: 123

9. Lurie A, Dessanges JF, Delautier D, Coeffier E, Chignard M, Cremer GA, Benveniste J, Marsac J, Lockhart A (1987) Exercise- and allergen-induced asthma do not change the production of PAF-acether by neutrophils and platelets. Bull Eur Physiopathol Respir 23: 347

10. Martin TR, Altman LC, Albert RK, Henderson WR (1984) Leukotriene B_4 production by the human alveolar makrophage: a potential mechanism for amplifying inflammation in the lung. Am Rev Respir Dis 129: 106

11. Metzger WJ, Zavala D, Richerson HB, Mosely P, Iwamota P, Monick M, Sjoerdsma K, Hunninghake GW (1987) Local allergen challenge and bronchoalveolar lavage of allergic asthmatic lungs. Am Rev Respir Dis 135: 433

12. Morgenroth K (1986) Das Surfactantsystem der Lunge. W de Gruyter, Berlin New York

13. Morley J, Sanjar S, Page CP (1984) The platelet in asthma. Lancet ii: 1142

14. Murray JJ, Tonnel AB, Brash AR, Roberts LJ, Gosset P, Workman R, Capron A, Oates JA (1986) Release of prostaglandin D_2 into human airways during acute antigen challenge. N Engl J Med 315: 800

15. Neuhof H (1984) Zur pathogenetischen Bedeutung der klassischen Kaskadensysteme und des Arachidonsäure-Metabolismus bei der Entstehung des akuten Atemnotsyndroms. Medwelt 35: 1457

16. Rankin JA, Askenase PW (1984) The potential role of alveolar macrophages as a source of pathogenic mediators in allergic asthma. In: Kay AB, Austen KF, Lichtenstein LM (eds) Asthma—physiology, immunopharmacology and treatment. Academic Press, London New York, pp 157

17. Raphael GD, Metcalfe DD (1986) Mediators of airway inflammation. Eur J Respir Dis 69 [Suppl 147]: 44

18. Rubin AE, Smith LJ, Patterson R (1987) The bronchoconstrictor properties of Platelet-Activating-Factor in humans. Am Rev Respir Dis 136: 1145

19. Schulman ES, Liu MC, Proud D, Macglashan DW, Lichtenstein LM, Plaut M (1985) Human lung macrophages induce histamine release from basophils and mast cells. Am Rev Respir Dis 131: 230

20. Seeger W, Neuhof H (1984) Pathophysiologie der Lungenembolie. Hämostaseologie 4: 72

21. Tonnel AB, Joseph M, Gosset P, Fournier E, Capron A (1983) Stimulation of alveolar macrophages in asthmatic patients after local provocation test. Lancet i: 1466

Anschrift des Verfassers: Prof. Dr. H. Morr, Klinik für Lungen- und Bronchialerkrankungen Waldhof Elgershausen, D-6349 Greifenstein, Bundesrepublik Deutschland.

Ist Asthma nur eine Erkrankung der Bronchien?

K. Sertl

I. Medizinische Universitätsklinik, Wien, Österreich

In Untersuchungen, durchgeführt um die Verteilung verschiedener Rezeptoren in der Lunge zu studieren, haben wir mit zwei verschiedenen Methoden an Hand von Histamin und dem vasoaktivem intestinalem Peptid eine außergewöhnliche Verteilung festgestellt.

Histamin hat zumindest zwei verschiedene Rezeptoren. Der H-1-Rezeptor stimuliert als „second messenger"-zyklisches GMP, während es über den H-2-Rezeptor zu einer Erhöhung des zyklischen AMP kommt. Mit Hilfe immunhistochemischer Methoden kann man nun diesen Anstieg bildlich darstellen. Wir verwendeten Meerschweinchenlungen und stimulierten sie mit Histamin. Anschließend wurden die Gewebestücke tiefgefroren und histologische Schnitte gewonnen. Mit Hilfe monoklonaler Antikörper gegen zyklisches GMP und der Immunperoxidasemethode konnten wir folgendes Verteilungsmuster feststellen: In der zeitlichen Abfolge reagierten stets die Zellen in den Alveolen als erste, und hier insbesondere die Alveolarmakrophagen. Erst anschließend kam es zu einem Anstieg des zyklischen GMPs im Bronchialepithel. Auch Endothelzellen und Pleuradeckzellen reagierten deutlich. Nicht hingegen konnten wir einen Anstieg des zyklischen GMP in der glatten Muskulatur der Bronchien und Gefäße feststellen. Es ist jedoch nicht auszuschließen, daß ein Effekt auf die glatte Muskulatur über

Kalziumkanäle erfolgt. Dieses Ergebnis war unerwartet, da Histamin doch einen potenten bronchokonstriktorischen Effekt zeigt.

Zum Nachweis der vasoaktiven intestinalen Peptid-(VIP-)Rezeptoren haben wir eine andere Methode, die sogenannte Autoradiographie gewählt. Kurz zur Substanz: VIP ist ein kurzkettiges Peptid, das sowohl im Zentralnervensystem, wie im peripheren Nervensystem zu finden ist und wahrscheinlich Neurotransmitterfunktion hat. Im Bronchialsystem hat es dilatatorische Effekte. In diesem System haben wir Rattenlungen entnommen und histologische Schnitte angefertigt. Hier haben wir einen direkten Nachweis der Rezeptoren durchgeführt, indem wir mit radioaktiv markiertem VIP die Schnitte inkubiert haben und anschließend die Objektträger mit einer photographischen Schicht überzogen haben. Durch die radioaktive Strahlung kommt es zur Bildung von schwarzen Granula im Bereich des an Geweberezeptoren gebundenen VIP. Es soll sozusagen jedem schwarzen Punkt ein Rezeptor entsprechen. Um unspezifische Bindung auszuschließen, wird in Parallelversuchen nichtmarkiertes VIP im Überschuß gemeinsam mit markiertem VIP inkubiert. Dabei sollte es zu keiner Granulumfärbung kommen. Auch hier konnte gezeigt werden, daß die größte Konzentration an Rezeptoren in den Alveolen nachgewiesen werden kann. Erst in zweiter Linie können Rezeptoren am Bronchialepithel und der glatten Muskulatur gesehen werden.

Diese Ergebnisse sind unserer Meinung nach aus mehreren Gründen interessant. Es ist bekannt, daß VIP die Effekte des Histamins dosisabhängig inhibieren kann. Nach der Verteilung der Rezeptoren zu schließen, ist zumindest nicht auszuschließen, daß ein Teil der Beschwerden durch Veränderungen in den Alveolen hervorgerufen wird. Funktionell ist es zumindest im Tierversuch auch schon gelungen, eine Ödembildung in den Alveolen nach Histaminstimulation nachzuweisen. Ein Hauptproblem stellt derzeit noch die eingeschränkte Möglichkeit dar, zum Beispiel eine geringgradige Ödembildung in den Alveolen beim Menschen nicht-invasiv nachweisen zu können. Interessant ist in diesem Zusammenhang auch, daß die Verteilung der β-Rezeptoren sehr genau

dem Muster der VIP-Rezeptoren entspricht, wie sie von Barnes'
Gruppe in London publiziert wurden.

Wir stellen die bisherige Definition des Asthma bronchiale nicht
insgesamt in Frage, es erscheint jedoch zumindest unter Rücksicht-
nahme dieser Resultate diskussionswürdig, ob man auch die Veränderung in den Alveolen in der Definition berücksichtigen muß.

Anschrift des Verfassers: Dr. K. Sertl, I. Medizinische Universitätsklinik, Lazarettgasse 14, A-1090 Wien, Österreich.

Die bronchoalveoläre Lavage zur Definition der Entzündung bei Asthma bronchiale

H. Klech

2. Medizinische Abteilung des Wilhelminenspitals, Wien, Österreich

Einleitung

Die bronchiale Hyperreaktivität stellt das vorherrschende Charakteristikum des Asthma bronchiale dar. Gesichert ist heute, daß die bronchiale Hyperreaktivität durch eine spezifische, allergeninduzierte Entzündung der Bronchien ausgelöst und unterhalten wird. Die Erforschung der dem Asthma bronchiale zugrunde liegenden pathogenetischen Mechanismen war bis vor kurzem durch die mangelnde Möglichkeit beeinträchtigt, an das Erfolgsorgan, nämlich die großen und kleinen Luftwege, heranzukommen.

Durch die Weiterentwicklung der Fiberbronchoskopie und damit der Etablierung der bronchoalveolären Lavage als eine sichere und gut tolerierte Methode zur Gewinnung von Gewebematerial aus dem Bronchoalveolarraum kam es zu einer signifikanten Erweiterung der Möglichkeiten, wesentliche Aspekte des Bronchialasthmas direkt am Ort des Geschehens zu untersuchen. In den letzten Jahren haben einige Zentren diese Methode bei Patienten mit Asthma erfolgreich zur Erforschung des Pathomechanismus sowohl bei Patienten mit stabilem Asthma als auch nach Antigenprovokation eingesetzt. Auf die Ergebnisse dieser Untersuchungen soll hier im einzelnen eingegangen werden.

Methodik der BAL und Selektion der Patienten

Seit vielen Jahren wird die sogenannte therapeutische bronchiale Lavage (BL) von manchen Zentren fallweise bei therapieresistenten Patienten mit Status asthmaticus zur Elimination von obturierenden Schleimpropfen („mucus plugging") im Sinne einer Bronchialtoilette eingesetzt, wobei die Meinungen über den Nutzen dieser Maßnahme divergent sind [1—3]. Die BL hat demnach ausschließlich einen therapeutischen Zweck; die Indikation und die Technik sind völlig unterschiedlich von der in der Folge auszuführenden diagnostischen BAL.

Die Methodik der BAL bei Asthmapatienten ist prinzipiell gleich wie bei anderen Erkrankungen, wie z. B. bei interstitiellen Lungenerkrankungen. 100 bis 250 ml sterile vorgewärmte (37 °C) Kochsalzlösung wird in 4—5 aliquoten Teilen in ein Subsegment (Mittellappen oder pektorales Oberlappensegment links) der Lunge instilliert und durch vorsichtiges Absaugen wiedergewonnen. Die recovery sollte rund 50% betragen. Bei Patienten mit Asthma ist diese mitunter stark vom Grad der Schleimhautschwellung sowie vom Ausmaß der Obstruktion abhängig.

Obwohl bereits zunehmend verbindliche Aussagen und Empfehlungen für die standardisierte BAL bei einer großen Anzahl von Lungenerkrankungen gemacht werden können [4], fehlen heute noch weitertragende Erfahrungen an größeren Patientengruppen mit Asthma bronchiale. Die Einflußnahme verschiedener Faktoren, wie Wahl des Bronchoskopes, Auswahl des Lungensegmentes, Menge der BAL-Flüssigkeit, Präparation der Zellen und der nichtzellulären BAL-Bestandteile, ist vielfältig. Die Vergleichbarkeit der von den einzelnen Zentren ermittelten Daten ist daher nur bedingt gegeben [5].

Großes Augenmerk sollte bei Asthmapatienten auf Sicherheit und Tolerierbarkeit der Methode gelegt werden. BAL bei Asthma, im Gegensatz zu einigen anderen Lungenerkrankungen, hat derzeit noch keinen gesicherten diagnostischen oder therapeutischen Stellenwert. Richtlinien zur Auswahl der Patienten sind erstmals 1985 verbindlich festgelegt worden [6], siehe Tabelle 1. Die Patienten sollten über den experimentellen Charakter dieser Untersuchung und ebenso über die potentiellen Nebenwirkungen der Methode aufgeklärt werden. Die häufigste Nebenwirkung besteht vor allem in einem mehr oder weniger schweren Bronchospasmus.

Bisherige Erfahrungen haben gezeigt, daß bei Patienten mit einer PC 20 < 4 mg/ml Metacholine häufiger ein Wheezing nach der BAL zu beobachten ist. Bei diesen Patienten sollten Beta-2-Agonisten als Aerosol unmittelbar nach der BAL zur Verfügung stehen. Patienten mit einer PC 20 < 0.2 mg/ml sollten nur nach einer Prämedikation mit Beta-2-Agonisten lavagiert werden [5].

Nach der BAL kann Wheezing noch ca. 1—2 Wochen verstärkt be-

Tabelle 1. Richtlinien zur Auswahl der Patienten [6]

Nichtraucher, Alter zwischen 8 und 45 Jahren
Saisonales oder leichtes Asthma
Positiver Haut-Prick-Test auf ein bekanntes Allergen
Reversible Atemwegobstruktion
FEV 1 vor der BAL > oder = 60%-Sollwert
Stabile Lungenfunktion über mindestens drei Wochen

---

obachtet werden. Dies hat jedoch, vorausgesetzt die Selektionskriterien für leichte Asthmatiker wurden eingehalten, fast nie Auswirkungen auf die Lungenfunktion [7].

BAL-Zellprofil bei Asthmatikern

Die meisten Untersuchungen wurden an asymptomatischen Patienten mit geringgradigem Asthma durchgeführt. Bei diesen Patienten zeigten sich im wesentlichen gleiche zelluläre Verhältnisse in der BAL wie bei gesunden Kontrollpersonen [8] oder nur eine geringe Erhöhung der Anzahl der Eosinophilen [9, 10].

Wurden auch Patienten untersucht, welche häufiger Asthmaattacken zeigten und welche oft auch zum Zeitpunkt der Lavage eine meßbare Verminderung des FEV 1 aufwiesen, dann waren fast immer die Eosinophilen erhöht [10—12], es wurden vermehrt Mastzellen in der BAL gefunden [11, 12], und der Prozentsatz der BAL-Eosinophilen sowie der BAL-Mastzellen, aber auch der Gehalt an Histamin in der Lavageflüssigkeit korrelierte mit dem Grad der bronchialen Hyperreaktivität (PC 20) [11, 12].

Symptomatische Asthmatiker

Wardlaw et al. [12] konnten kürzlich nachweisen, daß symptomatische Asthmatiker (Wheezing zum Zeitpunkt der BAL und Notwendigkeit zur Therapie mit Beta-2-Agonisten) sich gegenüber asymptomatischen Asthmatikern (symptomfrei innerhalb der letzten zwei Wochen vor der Lavage) folgendermaßen unterscheiden:

Symptomatische Asthmatiker zeigen höhere BAL-Eosinophile sowie einen höheren Gehalt von MBP (Major Basic Protein).

BAL-Eosinophile korrelierte sigifikant zum BAL-MBP.

Hyperreaktive Patienten (PC 20 < 4 mg/ml) zeigten mehr Mastzellen, Eosinophile, MBP, BAL-Histamin sowie mehr abgeschilferte bronchiale Epithelzellen, und die PC 20 korrelierte invers zu all diesen Parametern.

Diese Untersuchung untermauert eindrücklich die Hypothese, daß der Grad der bronchialen Hyperreaktivität bei Asthmatikern direkt abhängig vom Grad des Derangements der Epithelzellen ist, welches wiederum durch Granulationsprodukte der Eosinophilen (eosinophile Entzündung) maßgeblich zustande kommt.

BAL nach Allergenprovokation

De Monchy et al. [13] waren die ersten, welche eine BAL nach inhalativer Allergenprovokation mit Hausstaubmilbenantigen durchführten. Sie konnten nachweisen, daß Patienten mit Spätreaktion eine Migration von Eosinophilen aufweisen. Patienten ohne Spätreaktion zeigten dieses Phänomen in geringerem Ausmaß. Andere Untersucher zeigten, daß aber auch bereits nach vier Stunden neben den Eosinophilen auch signifikant die Neutrophilen in der BAL vermehrt anzufinden sind. Nach 24 Stunden kommt es zu einem Rückgang der Neutrophilen zum Ausgangswert, die Eosinophilen bleiben jedoch weiterhin erhöht [14] (s. Tabelle 2).

Elektronenmikroskopische Untersuchungen der BAL-Zellen zeigten auch eine Degranulation der Mastzellen sowie Verlust der Granula der BAL-Eosinophilen nach erfolgter Provokation [14]. Diese Untersuchungen — vor allem die Kinetik der Neutrophilen — ist demnach gleichartig wie die Reaktion der Haut 6 Stunden nach einem Prausnitz-Kuestner-Test. Aus Tierstudien [15, 16] ist bekannt, daß die Anwesenheit von Neutrophilen in der BAL mit einer Zunahme der bronchialen Hyperreaktivität einhergeht. Sobald die BAL-Neutrophilen wieder zurückgehen, kommt es auch wieder zu einer Normalisierung der bronchialen Reaktivität [17].

Appliziert man das Antigen direkt intrabronchial mit dem Fiberbronchoskop, so kommt es in den meisten Fällen zu einer Sofortreaktion und zu Bronchospasmus. Die zelluläre Verteilung der

Tabelle 2. BAL-Zell-Veränderungen bei Asthmatikern

	Zeit (h)	Zell-zahl	Makro-phagen	Lympho-zyten	Neutro-phile	Eosino-phile
Asymptomat. Asthmatiker	−	+ /0	0	+ /0	0	+ /0
Symptomat. Asthmatiker	−	+ /0	0	+ /0	+	+
Inhalative Provokation	<4	0	0	0	+ +	+ + +
	24	0	0	+ /0	0	+ +
Lokale Allergen-provokation	48	+ + + +	+	+	+ + + +	+ + + +
	96	+ + +	+ +	+	0	+ + +

Modifiziert nach [8]

BAL verändert sich in den ersten Stunden nicht, jedoch nach 48 Stunden kommt es zu einer massiven Zunahme der Gesamtzellzahl der Lavage mit vorwiegender Beteiligung der Neutrophilen und der Eosinophilen. Nach 96 Stunden verschwinden die Neutrophilen wieder aus der BAL, die Eosinophilen bleiben jedoch weiter dominant [8] (s. Tabelle 2).

Die Rolle der Lymphozyten und der Makrophagen

Eine Reihe von Untersuchungen haben über Verschiebungen der T-Lymphozytensubsets sowohl im Blut [18] als auch in der BAL [19] nach Allergenprovokation berichtet. Gerblich et al. [18] konnten demonstrieren, daß es nach Allergenprovokation zu einem Abfall der T-Helper-Zellen im peripheren Blut sowie zu einer Zunahme der aktivierten (I a-positiven) T-Zellen kommt. Richerson et al. [19] in ihren BAL-Studien mit direkter Antigeninstillation über das Fiberbronchoskop konnten zeigen, daß es bei jenen Patienten, welche nach vorangegangener inhalativer Provokation eine duale Reaktion aufwiesen, ca. zwei Stunden später zu einem Influx von T-Suppressor-Zellen in das Alveolarlumen kommt (BAL-T-4/T-8-Ratio vermindert). Bei der Kontroll-BAL nach 48 Stunden nahmen dann wieder die T-Helper-Zellen überhand, bei gleichzeitiger Vermehrung der BAL-Lymphozyten.

Gonzalez et al. [20] aus der Gruppe von A. B. Kay (London) konnten wenig später demonstrieren, daß bei Patienten mit bloßer Sofortreaktion nach inhalativer Provokation ein deutliches Überwiegen der BAL-T-Suppressor-Zellen zu beobachten ist, während dieses Phänomen bei Patienten mit einer dualen Reaktion nach Provokation in weitaus geringerem Ausmaß zu beobachten war. Deren Resultate legen die Möglichkeit nahe, daß die Mobilisierung von T-Suppressor-Zellen in die Lunge die Entwicklung einer Spätreaktion bei Patienten mit alleiniger Sofortreaktion („single early responders") unterdrücken kann.

Die Rolle der Alveolarmakrophagen ist größtenteils unbekannt. Unzweifelhaft nehmen sie jedoch an der allergischen Reaktion maßgeblich teil. Tonnel et al. [21] konnten zeigen, daß Alveolarmakrophagen nach Allergen-Exposition signifikant geringere Speicherungen an lysosomalen Enzymen aufwiesen, was darauf hinweist, daß es zu einer Depletion durch den Allergenkontrakt gekommen ist. Joseph et al. [22] konnten IgE-spezifische Rezeptoren an der Oberfläche von Alveolarmakrophagen nachweisen. IgE-abhängige Mechanismen sind auch für die spezifische Ausschüttung von neutrophilem und eosinophilem chemotaktischem Faktor durch Alveolarmakrophagen von Asthmatikern verantwortlich [23]. Godard et al. [9] demonstrierten, daß Alveolarmakrophagen von Asthmatikern geringere Mengen von verschiedenen Prostaglandinen (PGE 2, PGF 2 a, Thromboxane etc.) freisetzen als jene von Nichtasthmatikern, und diese Makrophagendefekte von der Menge der BAL-Eosinophilen abhängig ist. Offensichtlich wirken große Mengen von Eosinophilen toxisch auf Alveolarmakrophagen. Bei Patienten mit Spätreaktion wurde vermehrt das Phänomen der Komplement-Rosettenbildung bei Alveolarmakrophagen beobachtet [5].

Die Tatsache der Aktivierung der Alveolarmakrophagen sowie die Verschiebung der T-Lymphozyten in der allergischen Spätreaktion erlauben folgende Hypothese: Durch Antigenkontakt kommt es in der Lunge zu einer Interaktion zwischen Alveolarmakrophagen und T-Helper-Lymphozyten, welche zur Ausschüttung von chemotaktischen Faktoren für Neutrophile und Eosinophile führt. Die Degranulierungsprodukte dieser Zellen verursachen dann eine spezifische eosinophile Entzündung im Sinne der allergischen Spätreaktion. Bei Patienten ohne dieser Spätreaktion könnten T-Suppressor-Zellen maßgeblich involviert sein, indem sie die Spätreaktion unterdrücken.

BAL nach Therapie mit Dinatrium Chromoglykat (DNCG, Intal®)

Diaz et al. [24] untersuchten in einer doppelblinden, placebokontrollierten Studie den Einfluß einer vierwöchigen Gabe von DNCG auf Zellen und lösliche Bestandteile der BAL bei 36 Patienten mit Asthma. Bei der mit DNCG behandelten Gruppe fand sich nach vier Wochen ein signifikanter Abfall der Eosinophilen in der BAL-Flüssigkeit als ein Rückgang der Schleimhaut-Eosinophilie. Unterteilte man die mit DNCG behandelten Patienten, so konnte man sehen, daß die Responders in dieser Gruppe im Vergleich zu den Nonresponders eine besonders ausgeprägte Abnahme der Eosinophilie im Bronchialsekret und in der BAL zeigten. Darüber hinaus kam es bei den Responders auch zu einer signifikanten Abnahme von spezifischem BAL-IgE gegen Hausstaubmilben. Die Resultate legen den Schluß nahe, daß die Wirksamkeit von DNCG bei Patienten mit allergischem Asthma durch eine Unterdrückung der lokalen Akkumulierung von Eosinophilen aber auch von spezifischem IgE-Ak zustande kommt.

Nichtzelluläre BAL-Komponenten

Die Messung von Mediatoren der asthmatischen Reaktion in der BAL ist — theoretisch gesehen — eine äußerst attraktive Methode, um die Relevanz dieser Substanzen genauer festzulegen. Allerdings sind die bisherigen Ergebnisse enttäuschend und nur wenige Mediatoren konnten in der BAL bei Asthmapatienten nachgewiesen werden. Es sind vor allem methodische Probleme beim Vergleich der gefundenen Konzentrationen aber auch bei der Abschätzung des zu erwartenden Verdünnungseffektes: Mediatorkonzentrationen werden häufig in Relation zu der BAL-Albumin-Konzentration angegeben. Das Problem besteht aber darin, daß vor allem bei Asthmatikern das BAL-Albumin schon allein durch den entzündlichen Prozeß („capillary leak") übermäßig hoch sein kann im Vergleich zu den Kontrollgruppen. Andererseits können auch ungebührlich hohe Konzentrationen der BAL-Mediatoren gefunden werden, weil die Recovery bei Patienten mit Bronchospasmus deutlich geringer als erwartet ausfallen kann [5]. Bisherige Versuche verläßliche Referenzsubstanzen aus der Lavage, wie Urea [25] oder auch Kalium, zu verwenden, aber auch die Verwendung von Methylenblau als Farbindikator der BAL-Flüssigkeit haben sich letztlich auch auf Dauer nicht durchsetzen können [4].

Als weiteres erschwerendes Moment kommt die Tatsache hinzu, daß die Durchlässigkeit der alveolokapillären Membran bei Asthmatikern je nach Art und Schweregrad der Allergenexposition sehr starken Schwankungen unterworfen ist. Unmittelbar nach lokaler Instillation von spezifischem Allergen kommt es im betroffenen Segment zu einer deutlichen Permeabilitätserhöhung und damit auch zu einem erleichterten Übertritt auch höhermolekularer Substanzen in das Alveolarlumen, wobei jedoch mengenmäßig die niedermolekularen Substanzen überwiegen [8] (Tabelle 3). Ein weiteres potentielles Problem in der Analyse nichtzellulärer BAL-Bestand-

Tabelle 3. BAL bei Asthma: nicht-zelluläre Bestandteile

Normal	Erhöht	Erniedrigt
Albumin	S-IgA	Alpha-1-Proteinase-Inhibitor
Transferrin	IgE	
Caeruloplasmin	PG-D2	
Fibrinogen	Histamin	
Alpha-2-Makro-globulin	PAF?	
IgA		
IgG		

teile ist die rasche Metabolisierung mancher Substanzen, wie Histamin, Leukotriene sowie PAF-acether [5]. Die Messung des Histamins kann auch durch die Fähigkeit mancher Mikroorganismen, z. B. Hämophilus influenza, selbst Histamin zu produzieren, kompliziert werden [26].

Erhöhte Meßwerte für Histamin in der BAL scheinen ein guter Parameter für die verstärkte Degranulation von Mastzellen zu sein. Es konnte nachgewiesen werden, daß erhöhte BAL-Histamin-Konzentrationen bei Asthmatikern mit dem Grad der Hyperreaktivität (PC 20) korrelieren [27]. Dies steht im Einklang mit den Ergebnissen von Tomioka et al. [28], welche bei Patienten mit Asthma deutlich verminderte intrazelluläre Histaminkonzentrationen in den aber mengenmäßig vermehrten Mastzellen in der BAL nachweisen konnten. Offensichtlich kam es durch Allergenkontakt und durch IgE-Vermittlung zur vermehrten Ausschüttung von Histamin aus diesen Mastzellen.

Granulationsprodukte der Eosinophilen wie MBP (Major Basic Protein) sind in der BAL-Flüssigkeit von Asthmatikern sowohl bei mildem stabilem Asthma [12] aber vor allem auch nach unmittelbarem Allergenkontakt [13] nachgewiesen worden. Dies weist darauf hin, daß es nach Allergenkontakt zu einer Degranulation der Eosinophilen kommt. PAF-acether konnte wahrscheinlich auf Grund seines hohen Molekulargewichtes noch nicht in der BAL nachgewiesen werden [5].

Entzündungsmediatoren, wie Leukotriene C 4 oder B 4, konnten bisher noch nicht in erhöhten Konzentrationen in der BAL festgestellt werden, ebensowenig wie der chemotaktische Faktor für Eosinophile oder Neutrophile. Erhöhte Werte von Prostaglandin D 2 fanden sich jedoch nach lokaler Allergenprovokation [29]. IgG und IgA sind nachweisbar [8], ebenso wie IgE, welches aber nur in kleinen Mengen und nur nach ausreichender Konzentrierung der Lavage-Flüssigkeit nachweisbar ist [30] (Tabelle 3).

Literatur

1. Helm WH et al (1972) Bronchial lavage in asthma und bronchitis. Ann Allergy 30: 518—523

2. Millman M et al (1981) Bronchoscopy and lavage for chronic bronchial asthma. Immunol Allergy Pract 3: 10—35
3. Kummer F, Klech H (1988) Behandlungsmaßnahmen beim therarefraktären Status asthmaticus. Intensivmedizin 25: 49—51
4. Klech H et al (1988) Report of the SEP Task Group on BAL. SEP meeting, Budapest, Hungary, September 1988
5. Wardlaw AJ et al (1987) Mechanisms in asthma using the technique of Bronchoalveolar Lavage. Int Arch Allergy Appl Immunol 82: 518—525
6. NHLBI Workshops Summaries (1985) Summary and recommendations of a workshop on the investigative use of Fiberoptic Bronchoscopy and Bronchoalveolar Lavage in asthmatics. Am Rev Respir Dis 132: 180—182
7. Rankin WJ et al (1986) Bronchoalveolar Lavage: its safety in subjects with mild asthma. Chest 89: 477—483
8. Fick Jr RB et al (1987) Bronchoalveolar Lavage in allergic asthmatics. Am Rev Respir Dis 135: 1204—1209
9. Godard P et al (1982) Functional assessment of alveolar macrophages: comparison of cells from asthmatics and normal subjects. J Allergy Clin Immunol 70: 88—93
10. Kirby JG et al (1987) Bronchoalveolar cell profiles of asthmatics and nonasthmatic subjects. Am Rev Respir Dis 136: 379—383
11. Flint KC et al (1985) Bronchoalveolar mast cells in extrinsic asthma: a mechanism for the initiation of antigen specific bronchoconstriction. Br Med J 291: 923—926
12. Wardlaw AJ et al (1988) Eosinophils and mast cells in Bronchoalveolar Lavage in subjects with mild asthma, relationship to bronchial hyperreactivity. Am Rev Respir Dis 137: 62—69
13. De Monchy JGR et al (1985) Bronchoalveolar Eosinophilia during allergen-induced late asthmatic reactions. Am Rev Respir Dis 131: 373—376
14. Metzger WJ et al (1986) Bronchoalveolar Lavage of allergic asthmatic patients following allergen bronchoprovocation. Chest 89: 477—483
15. Marsh WR et al (1975) Increases in airway reactivity to histamine and in inflammatory cells in Bronchoalveolar Lavage after delayed asthmatic response in an animal model. Am Rev Respir Dis 131: 875—879
16. Holtzman MJ et al (1983) Importance of airway inflammation for hyperresponsiveness induced by ozone. Am Rev Respir Dis 127: 686—690
17. Fabbri LM et al (1984) Airway hyperresponsiveness and changes in cell counts in Bronchoalveolar Lavage after ozone exposure in dogs. Am Rev Respir Dis 129: 288—291

18. Gerblich AA et al (1984) Changes in T-lymphocyte subpopulations after antigen bronchial provocation in asthmatics. N Engl J Med 310: 349—352

19. Richerson HB et al (1986) Experimental models of bronchial asthma in man and in the rabbit. In: Kay AB (ed) Asthma: clinical pharmacology and therapeutic progress. Blackwell, Oxford, pp 23—32

20. Gonzalez MC et al (1987) Allergen-induced recruitment of Bronchoalveolar helper (OKT 4) and suppressor (OKT 8) T-cells in asthma. Relative increases in OKT 8 cells in single early responders compared with those in late-phase responders. Am Rev Respir Dis 136: 600—604

21. Tonnel AB et al (1983) Stimulation of alveolar macrophages in asthmatic patients after local provocation test. Lancet i: 1046—1049

22. Joseph M et al (1983) Involvement of immunoglobulin E in the secretory processes of alveolar macrophages from asthmatic patients. J Clin Invest 71: 221—230

23. Gosset P et al (1984) Secretion of a Chemotactic Factor for neutrophils and eosinophils by alveolar macrophages from asthmatic patients. J Allergy Clin Immunol 74: 827—834

24. Diaz P et al (1984) Bronchoalveolar Lavage in asthma: the effect of disodium chromoglycate (cromolyn) on leucocyte counts, immunoglobulins, and complement. J Allergy Clin Immunol 74: 41—48

25. Rennard SI et al (1986) Estimation of volume of epithelial lining fluid recovered by lavage using urea as a marker of dilution. J Appl Physiol 60: 532—538

26. Sheinman BD et al (1986) Synthesis of histamine by haemophilus influenza. Br Med J 292: 857—858

27. Casale TB et al (1986) Bronchoalveolar Lavage fluid (BAL) histamine levels in normals, allergic rhinitis and asthmatics. J Allergy Clin Immunol 77: 182

28. Tomioka M et al (1984) Mast cells in bronchoalveolar lavage lumen of patients with bronchial asthma. Am Rev Respir Dis 129: 1000—1005

29. Murray JJ et al (1986) Release of prostaglandin D 2 into human airways during acute antigen challenge. N Engl J Med 315: 800—804

30. Agius RM et al (1985) Mast cell and histamine content of human bronchoalveolar lavage fluid. Thorax 17: 69—72

Anschrift des Verfassers: Dr. H. Klech, 2. Medizinische Abteilung, Wilhelminenspital, Montleartstraße 37, A-1160 Wien, Österreich.

Körperliche Belastung
und Hyperreaktivität

P. Haber

II. Medizinische Universitätsklinik, Wien, Österreich

Das belastungsinduzierte Asthma bronchiale (BIA) als besondere Asthmaform

Das BIA tritt nur im Rahmen einer bestehenden Asthmakrankheit auf dem Boden einer vorhandenen bronchialen Hyperreaktivität auf. Körperliche Aktivität ist nur einer von vielen Stimuli, die bei entsprechender Disposition den Anfall auslösen können. Die vorliegende Arbeit beschäftigt sich daher nicht mit der BH an sich, sondern mit der Frage, ob das BIA eine besondere Asthmaform ist. Etwa ⅔ aller Asthmatiker leiden auch am BIA. Insbesondere bei Kindern, mit ihrem großem Bewegungsdrang, kann das BIA die häufigste Asthmaform sein.

Unterschiede zwischen Patienten mit BIA und solchen ohne BIA

1. In vitro läßt sich bei Patienten mit BIA eine verminderte Empfindlichkeit der betaadrenergischen Rezeptoren auf Isoprenalin feststellen.

2. Bei körperlicher Belastung kommt es zu einem Anstieg des extrazellulären Kaliums. Dieser Anstieg ist so regelhaft, daß die extrazelluläre Kaliumkonzentration als einer der primären Stimuli

für die Regulation des Atemminutenvolumens unter Belastung diskutiert wurde. Nach Belastung wird das Kalium wieder rasch, binnen weniger Minuten, von der Muskelzelle aufgenommen, wobei die Steuerung durch Betarezeptoren eine wichtige Rolle spielt. Durch Betarezeptorenblockade kann nämlich diese Kaliumaufnahme nach Belastung deutlich verzögert werden.

Bei Patienten mit BIA findet sich nun, im Vergleich zu solchen ohne BIA, ein etwa doppelt so hoher Anstieg des Kaliums nach Belastung im Serum. Und während normalerweise das Kalium nach fünf Minuten wieder normalisiert ist, finden sich nach BIA noch nach zehn Minuten erhöhte Kaliumspiegel. Wird allerdings vor dem Belastungstest ein betamimetisches Aerosol inhaliert, so wird das Verhalten des Kaliums normalisiert.

Diese Befunde deuten darauf hin, daß beim BIA sowohl ein Defekt der Betarezeptoren als auch der Muskelzellen eine Rolle spielen dürfte.

Ähnlichkeiten des BIA mit anders ausgelöstem Asthma

1. Während des BIA wird, wie bei allergisch oder chemisch ausgelöstem Asthma auch, eine erhöhte Konzentration z. B. an neutrophilem chemotaktischem Faktor im Serum gefunden.

2. Das BIA wird durch die gleichen Substanzen verhindert wie das durch Allergene oder Histamin ausgelöste; also z. B. durch Intal® oder betamimetische Substanzen.

3. Das Auftreten einer Spätreaktion 6—10 Stunden nach der Belastung. Die Spätreaktion dürfte eine allgemeine Erscheinung bei Asthma bronchiale sein, die nach verschiedenartigen Reizen auftritt. Es wurde beobachtet, daß eine Spätreaktion nach einer Belastung sogar dann auftritt, wenn durch das Atmen von feuchter und warmer Luft während der Belastung das Auftreten einer Reaktion unmittelbar danach verhindert worden war. Allerdings ist die Existenz einer regelhaften Spätreaktion beim BIA nicht unumstritten. In einer sehr aufwendigen Studie wurde zunächst ein Versuchstag durchgeführt, mit Absetzen der Therapie am Tag zuvor, einem Belastungstest am Morgen und einem Monitoring der

Lungenfunktion bis zehn Stunden nach dem Test. Bei jenen sieben Personen, bei denen es zum Auftreten einer Spätreaktion gekommen war, wurde ein Kontrolltag mit einem identischen Ablauf durchgeführt, mit dem einzigen Unterschied, daß am Kontrolltag kein Belastungstest am Morgen durchgeführt wurde. Trotzdem stellt sich bei sieben von den acht Personen eine Spätreaktion zum gleichen Zeitpunkt wie am Versuchstag ein. Nur bei einer Person konnte daher die Spätreaktion mit der Belastung in Zusammenhang gebracht werden. Bei den anderen könnte sie vielleicht eher auf dem Absetzen der Therapie am Vortag beruhen. Die Spätreaktion nach BIA wäre demnach eine ausgesprochene Rarität.

Unterschiede des BIA zu anderen Asthmaformen

Folgen mehrere gleiche Belastungsreize, die ein BIA auslösen, hintereinander, nachdem die Resistance wieder zum Ausgangswert zurückgekehrt ist, so fällt der nächste R_t-Anstieg geringer aus, im Sinne einer Toleranz des Bronchialsystems auf diesen Reiz. Man kann annehmen, daß die höheren Katecholaminspiegel, die bei solchen Untersuchungen bei den Folgebelastungen festgestellt worden sind, die Reaktion geringer ausfallen lassen. In dieser Refraktärzeit fallen übrigens auch die Reaktionen auf Metacholinprovokation geringer aus. Gleichartiges passiert auch bei der eukapnischen Hyperventilation als Stimulus. Aber: die Entwicklung der Toleranz gegen den Belastungsreiz wird durch die Gabe von Indometazin blockiert, die Entwicklung der Toleranz gegen die eukapnische Hyperventilation hingegen nicht.

Ganz allgemein unterscheidet die Entwicklung der Toleranz das BIA von den meisten anderen Stimuli. Nach der Provokation mit Allergen oder SO_2 entwickelt sich überhaupt keine Toleranz, im Gegenteil fördern diese Reizstoffe die Entwicklung der bronchialen Hyperreaktivität. Die Belastung als Stimulans dämpft nicht nur die Reaktion auf den nächsten folgenden Reiz, sondern beeinflußt auch insgesamt die bronchiale Hyperreaktivität nicht negativ. Es ist auch ungewöhnlich selten, daß sich ein BIA zu einem bedrohlichen Status asthmaticus entwickelt. Es ist im Gegenteil typisch, daß das BIA nach ½—1 ½ Stunden wieder spontan schwindet und es ist auch, im Gegensatz zu anderen Stimulantien, nicht mit einem Rückfall am nächsten Tag zu rechnen. Es kann daher vermutet werden, daß lokale Entzündungsvorgänge der Bronchialschleimhaut nicht die gleiche Rolle spielen wie bei anderen Asthmaformen.

Wodurch wird das BIA ausgelöst?

Zwei Vorgänge werden dafür in erster Linie diskutiert: der respiratorische Wärmeverlust (RWMV) und der respiratorische Wasserverlust (RWAV). Beide sind durch die belastungsbedingte Hyperventilation bedingt. Ein gleiches erhöhtes Atemminutenvolumen löst immer eine ähnliche asthmatische Reaktion aus, egal ob es durch eine entsprechende Belastung bewirkt worden ist oder durch eine, z. B. CO_2 stimulierte, Hyperventilation.

1. Der respiratorische Wärmeverlust: Die Temperatur der Einatemluft ist nur von geringem Einfluß auf die Temperatur der Luft in der Trachea. Der Unterschied zwischen warmer und kalter Einatemluft ist dort bis auf 1 °C ausgeglichen. Die entscheidende Erwärmung der Luft findet also bereits im oberen Respirationstrakt statt und nicht im Bronchialsystem. Eine bronchiale Wärmeabgabe kann daher nicht die primäre Ursache sein. Kältere Luft wird allerdings stärker erwärmt und ist daher trockener und entzieht der Schleimhaut mehr Wasser.

2. Der respiratorische Wasserverlust: Zur Beurteilung der Rolle des RWAV wurde versucht einen in etwa gleichen kalkulierten RWAV auf zwei verschiedene Arten zu erzielen. Einmal durch isokapnische Hyperventilation mit trockener Luft und ein anderes Mal durch Inhalation einer hypertonen 4,5% Kochsalzlösung mit entsprechendem osmotischem Wasserentzug aus dem Bronchialepithel. In beiden Fällen wurde ermittelt, daß zur Erzielung eines 20prozentigen Abfalls des FEV gegenüber dem Ausgangswert ein ungefährer bronchialer Wasserverlust von 10 ml erforderlich war. Aus solchen Untersuchungen läßt sich schließen, daß der Wasserabgabe des Bronchialepithels die entscheidende Rolle bei der Entstehung des BIA zukommt. Es wird angenommen, daß der Was-

serverlust eine Hyperosmolarität der intraepithelialen Flüssigkeit bewirkt und daß dies der adäquate Reiz für die Mediatorfreisetzung ist.

Beeinflussung der Stärke des BIA

Obwohl also der RWAV das spezifische Stimulans für das BIA darstellt, scheint das Ausmaß der Reaktion doch nicht ausschließlich von diesem bestimmt zu sein. Dies wird durch folgende Versuchsanordnung erläutert: man setzt jeweils gleiche Versuchspersonen verschieden hohen ergometrischen Belastungen aus und stellt durch unterschiedlich warme und feuchte Einatemluft sicher, daß trotz unterschiedlich großem Atemminutenvolumen der RWAV und RWMV in etwa gleich sind; es zeigt sich, daß dennoch die stärkere Belastung auch das stärkere BIA auslöst.

Das BIA wird auch von der bronchialen Hyperreagibilität an sich beeinflußt, die ja selbst eine variable Größe ist. So nimmt das BIA nach Allergen- oder Schadstoffexposition, wie z. B. SO_2, zu. Im Alltag ist es daher durchaus möglich, daß ein und dieselbe Belastung, z. B. ein bestimmter Hügel, einmal ein BIA auslöst und zu einer anderen Zeit nicht.

BIA und körperliche Aktivität

Das BIA ist ein wesentliches Hindernis für körperliche Aktivitäten von Asthmatikern. Körperliche Belastungen, insbesondere sportliche, werden daher häufig vermieden. Dies führt bei Kindern und Erwachsenen zu einem Verlust an körperlicher Leistungsfähigkeit, der nicht nur durch das Asthma, sondern durch den Mangel an körperlicher Belastung bedingt ist. Es ist daher heute schon einigermaßen akzeptiert, daß Training eine wesentliche Erweiterung des Behandlungskonzepts von Asthmatikern ist, insbesondere bei Kindern und Jugendlichen. Außer der bereits besprochenen Frage, wie das BIA entsteht, interessiert daher auch, wie körperliches Training das BIA beeinflußt:

1. Untersuchungen an erwachsenen Patienten vor und nach Training haben ergeben, daß weder das Asthma im allgemeinen noch die bronchiale Hyperreaktivität im besonderen signifikant

                    P. Haber:

beeinflußt worden sind. Körperliches Training ist also kein Mittel
zur Behandlung des Asthmas, sondern ein hochwirksames Mittel
zur Erreichung und Erhaltung einer normalen Leistungsfähigkeit
trotz und mit Asthma.

2. Untersuchungen an Kindern haben hingegen gezeigt, daß
nach einer Trainingsperiode der Abfall des FEV, nach immer der
gleichen Belastung geringer ausfällt.

Wie verträgt sich diese Aussage mit dem Befund der unver-
änderten bronchialen Hyperreaktivität. Wie bereits erwähnt, löst
eine größere Belastung auch eine stärkere asthmatische Reaktion
aus. Eine größere Belastung ist nicht nur 100 statt 80 Watt, sondern
auch 80% der maximalen Leistungsfähigkeit statt 60%. Wird nun
durch eine Trainingsperiode die maximale Leistungsfähigkeit von
100 auf 120 Watt verbessert, dann ist die gleiche Leistung von 80
Watt einmal 80% und dann nur noch 66% der maximalen Leistungsfähigkeit. Dies bedeutet aber, daß auch bei unveränderter
bronchialer Hyperreaktivität das BIA nunmehr geringer ausfällt.

3. Es gibt daher schon einige Empfehlungen für Trainingspro-
gramme für Kinder. Leider wird dabei häufig geraten, Belastungen
zu vermeiden, die Asthma auslösen können. Dieser Ratschlag ist
insofern unzweckmäßig, als damit vor allem jene Belastungsformen
vermieden werden, die für die Erreichung des therapeutischen Zieles
des Trainings, nämlich die Verbesserung der körperlichen Leistungsfähigkeit, am wirksamsten sind: vor allem das aerobe Aus-
dauertraining. Das Training büßt daher seine Wirksamkeit weitgehend ein.

Training wird nicht zur Asthmavermeidung eingesetzt, sondern
zur Verbesserung der körperlichen Leistungsfähigkeit. Es ist daher
zweckmäßig, dem BIA vor Beginn der Trainingsstunde mit einem
betamimetischen Dosieraerosol oder Intal® vorzubeugen, und dann
ein normales wirksames Trainingsprogramm durchzuführen, bzw.
auch die Kinder am normalen Turnunterricht der Schulen teilneh-
men zu lassen.

Literatur

1. McFadden ER (1983) Respiratory heat and water exchange: physio-
logical and clinical implications. J Appl Physiol 54: 331—336

2. McFadden ER (1987) Exercise and Asthma. N Engl J Med 317: 502—504
3. Godfrey S (1982) Stimuli to bronchoconstriction: basic mechanisms. Isr J Med Sci 18: 297—306
4. Magnussen H (1983) Das anstrengungsinduzierte Asthma bronchiale. Atemweg Lungenkrank 7: 290—293

Anschrift des Verfassers: Univ.-Doz. Dr. P. Haber, II. Medizinische Universitätsklinik, Garnisongasse 13, A-1090 Wien, Österreich.

Hyperreaktivität und Entzündung im Kindesalter

M. Götz

Universitäts-Kinderklinik, Wien, Österreich

Einleitung

Der Kinderarzt ist häufig mit der Beurteilung der Interaktionen von respiratorischem Infekt und Atemwegreagibilität konfrontiert. Die Differenzierung, ob ein hyperreaktives Bronchialsystem im Sinne eines Asthma bronchiale, eine respiratorische Allergie oder lediglich ein banaler Infekt vorliegen, ist schwierig. Seitens der Patienten und Eltern sind ausreichende Angaben über Beschwerdedauer, -intensität und -frequenz nur ausnahmsweise präzise erhebbar.

Vor dem 6. Lebensjahr besteht für den Pädiater zudem nur eine geringe Möglichkeit, verläßliche Untersuchungen zur Frage der bronchialen Reagibilität durchzuführen. In der klinischen Praxis können diese aber durch einfache Lungenfunktionsmessungen, wie dem Nachweis eines instabilen Peak flow oder auch nur dem Ansprechen auf eine bronchodilatatorische Therapie, ersetzt werden [19].

Die eigentlichen Ursachen der Luftweghyperreagibilität sind nach wie vor unklar [9]. Bei Asthmatikern spricht einiges für eine genetische Prädetermination, da Familienuntersuchungen auch bei asymptomatischen Probanden eine erhöhte bronchiale Reagibilität nachweisen ließen [18]. Insbesondere im jüngeren Kindesalter kommt der Atemweginfektion als obstruktionsauslösendem Moment eine hervorragende Rolle zu. Im Kleinkind- und Schulalter nehmen Inhalationsallergene an Bedeutung zu. Vielfach läßt sich eine rezidivierende obstruktive Bronchitis im Säuglingsalter als später eindeutig gewordenes Asthma nachweisen [12]. Eine Vorhersage über die zukünftige Entwicklung eines Asthma bereits in der Säuglingsperiode erscheint jedoch außerordentlich schwierig.

Virale Infektionen als Ursache kindlicher Hyperreagibilität

Tabelle 1 zeigt die altersabhängige Häufigkeit der Erreger von Atemweginfektionen, die zu einer Bronchusobstruktion führen können [15]. RS-Viren sind in den ersten Lebensjahren von besonderer Bedeutung und lassen sich innerhalb der ersten zwei Lebensjahre in 44% der Patienten mit Atemwegobstruktion nachweisen. Parainfluenza I und III werden in bis zu 15% für alle kindlichen Altersgruppen gleichmäßig verteilt gefunden. Adenoviren, Influenza- und Rhinoviren sowie Mycoplasma pneumoniae gewinnen im Vorschulalter an Bedeutung. Den Bakterien kommt eine ganz untergeordnete Rolle zu, sieht man von der Pertussis ab. Auch die sogenannte „bakterielle Superinfektion" hat für die Pa-

Tabelle 1. Altersabhängige Häufigkeit verschiedener Erreger von Atemweginfekten, die eine Bronchusobstruktion bedingen können

Infektionen	Säuglings-alter	Klein-kindalter	Schulalter	Er-wachsene
RS-Viren	+ + + +	+ + +	+ +	+
Parainfluenza	+ +	+ +	+ +	+
Rhinoviren	(+)	+	+ + +	+
Adenoviren	+	+ + +	+ +	+
Influenzaviren	(+)	(+)	+ +	+ +
Mykoplasmapneumonie	(+)	+	+ + +	+ +
Bakterien	Nur selten, meist Superinfektion			
	Ausnahme: Pertussis			

thogenese der Atemwegobstruktion keine wesentliche Rolle. Präventive Maßnahmen in Form von antiviralen Impfungen, insbesondere gegen RS-Viren, können heute noch nicht durchgeführt werden, so daß hier epidemiologisch bedeutsame Maßnahmen zur Vermeidung von Spätfolgen nach Virusinfektionen nicht möglich sind.

Aus heutiger Sicht besteht kein Zweifel, daß Virusinfektionen ein überempfindliches Bronchialsystem zumindest transient hervorrufen [1] oder eine latent vorhandene Hyperreagibilität aufdecken (manifest werden lassen) können. Kleinkinder mit Giemen und episodischen respiratorischen Infekten (obstruktive Bronchitis) zeigen eine bronchiale Hyperreaktivität [12]. Nach Virusinfektionen besteht in der Regel eine gesteigerte Reaktionsbereitschaft des Bronchialsystems für etwa sechs Wochen. Allerdings zeigen banale Infektionen des Respirationstraktes („common cold") keine wesentliche postinfektiöse Änderung der Lungenfunktion [17]. Durch Aufbruch der engen Bindungen („tight junctions") zwischen den Bronchialepithelzellen, etwa durch leukozytäre Enzyme, kann eine Bloßlegung irritativer Rezeptoren erfolgen und damit der Kontakt mit endo- und exogenen Noxen erleichtert werden. An der Bedeutung entzündlicher Mediatoren, wie sie bei Atemweginfektionen regelmäßig gefunden werden, für die bronchiale Hyperreagibilität besteht kein Zweifel [4].

Im Rahmen von Virusinfekten bei Kindern ist die Zilienfunktion, zumindest transitorisch, gestört. Die Restitution der Bronchialmukosa dauert in der Regel mehrere Wochen, also ein Zeitausmaß, innerhalb dessen aufgrund der hohen Infektionsrate ohne weiteres erneute virale Infekte eintreten können. Dem parallel geht die Angabe der Eltern einer „ständigen" klinischen Symptomatik, ausgedrückt als Husten bzw. Giemen. Die Rolle antiviraler IgE-Antikörper, wie sie für RS-Viren und Parainfluenzaviren nachgewiesen werden konnten [21], für eine später eintretende, mehr oder weniger permanente Atemweghyperreagibilität ist noch offen — aber vorstellbar.

Kindliche Atopie und Atemweghyperreagibilität

Infektionen der Atemwege können als wichtige Triggerfaktoren für die Entwicklung einer Allergie angesehen werden. Bei Kindern allergischer Familien konnte in einer prospektiven Studie nachgewiesen werden, daß respiratorische Infektionen mit einer Latenzzeit von 2 bis 6 Wochen eine allergische Sensibilisierung nach sich ziehen können [7]. Giemende, RSV-infizierte Kinder zeigten in erhöhtem Ausmaß erhöhte IgE-Antikörper gegen RSV als nichtgiemende. Der Nachweis verringerter Suppressor-T-Zellsubpopulationen dürfte als besonderer Risikofaktor für die Entwicklung einer klinischen respiratorischen Allergie gelten.

Untersuchungen skandinavischer Autoren zeigten, daß Kinder mit initial erhöhtem IgE (Nabelschnurblut oder Untersuchung in der Säuglingsperiode) gegenüber nicht atopischen Kindern mit einem wesentlich höheren Risiko der späteren Entwicklung eines Asthmas und/oder einer Allergie belastet sind [10, 11]. Bei positiver Familienanamnese für obstruktive Bronchitis und Asthma konnte eine erhöhte Prävalenz von Atopie nachgewiesen werden [22]. Zwischen Asthma und Atopie bestehen grobe Dosis-Wirkungs-Beziehungen, da Kinder mit zunehmender Schwere des Asthmas auch stärkere Reaktionen der Allergie-Prick-Testungen zeigten [24].

Langzeitfolgen frühkindlicher Infektionen
oder bronchialer Irritationen

Gesicherte RS-Virus-Bronchiolitiden zeigen hochsignifikante Veränderungen der Lungenfunktionswerte nach zehn Jahren [14]. Das Bild einer (auch nur teilweise viral gesicherten) Bronchiolitis als Säugling führt beim älteren Kind zu Asthma, vorausgesetzt, daß respiratorische Symptome bestehen bleiben, und sollte dementsprechend behandelt werden [5].

Die Nachuntersuchung von Kindern mit Croup zeigte in 35% eine erhöhte bronchiale Reagibilität [8] ohne wesentlich erhöhte Inzidenz atopischer Erkrankungen. Zwischen bronchialer Hyper-

Beziehungen bestehen. Welliver [20] konnte bei Parainfluenza-Virusinfektion in Form von Croup oder Giemen höhere Parainfluenza-spezifische IgE-Antikörper (und Histamin) im Nasopharyngealsekret nachweisen als bei Patienten mit blanden Erkrankungen des oberen Respirationstraktes durch das gleiche Virus.

In einer vor kurzem erschienenen Studie [16] konnte bei mehr als 10 000 britischen Kindern der Zusammenhang zwischen pulmonaler Erkrankung im Alter von sieben Jahren und der Prävalenz von Husten und Auswurf im Alter von 23 Jahren eindeutig nachgewiesen werden. Selbst unter Berücksichtigung des Zigarettenkonsums zeigte sich eine Kontinuität zwischen kindlicher Atemwegerkrankung und respiratorischen Symptomen im späteren Leben. Die Erklärung dafür liegt weniger in der Persistenz struktureller Schädigungen als vielmehr in der zeitlichen Entwicklung funktioneller Störungen eines Asthmas.

Irritative Einflüsse durch das Rauchen zeigen eine erhöhte Prävalenz respiratorischer Symptome bzw. verstärkter bronchialer Reaktivität [13]. In einer englischen Studie [3] konnte chronischer Husten mit der Exposition gegenüber dem Rauchen der Eltern, insbesondere bei Kindern unter 11 Jahren, nachgewiesen werden, wobei der mütterliche Einfluß stärker war. Bei einer Nachuntersuchung der Tecumseh-Studie [2] zeigten sich altersspezifische Prävalenzraten für Husten, Giemen und Auswurf, die für nichtrauchende Kinder rauchender Eltern eindeutig höher waren als bei Eltern, die nicht geraucht hatten. Diese Angaben blieben auch bei Berücksichtigung von Familiengröße, Schulbildung der Eltern und „Bias" durch die Angaben der Eltern aufrecht. Insgesamt kann eine erhöhte Prävalenz chronisch-respiratorischer Symptome von 30 bis 80% bei Kindern rauchender Eltern nachgewiesen werden [6]. Die Langzeitbedeutung der Ergebnisse auf die Gesundheit ist jedoch weitgehend unbekannt.

Gesichertes und Offenes

In einer vor kurzem erschienenen Übersicht [23] wurden die Beziehungen zwischen Infektion und Asthma (Atemweghyperreaktivität) zusammengefaßt.

Als einigermaßen gesichert angesehen werden kann:

a) Es gibt keinen gesicherten Nachweis einer viralen Auslösung von Asthma bei vorher normalen Personen.

b) Ein Zusammenhang zwischen Atemweginfektion und der Auslösung von Asthma beruht auf anekdotischen Daten. Kinder mit anamnestischer RS-Virusinfektion zeigen eine erhöhte Prävalenz für Asthma und eine erhöhte Inzidenz von Asthma in ihren Familien.

c) Virale und bakterielle Infektionen asthmatischer Kinder und Erwachsener sind häufig mit einer transienten Verstärkung asthmatischer Symptome und einer Atemwegobstruktion verbunden.

d) Ein Zusammenhang zwischen Infektion und Induktion von Asthma sowie klinischer Verschlechterung wird durch die folgenden Beobachtungen wahrscheinlich:

Nachweis bakterienspezifischer IgE-Antikörper der einzelnen Patienten; Aktivierung der Mast-Zellen durch bakterielle Stoffwechselprodukte; Förderung der IgE-vermittelten Histaminfreisetzung aus Basophilen durch Interferon und Interleukin-1; Beziehungen zwischen viraler Infektion und Atopie; Modulierung adrenergischer Rezeptoren durch Infektionen; Auftreten früher und später bronchialer Reaktionen nach Inhalation bakterieller Produkte.

Die oben erwähnten Angaben beziehen sich in dieser Form auch auf Erwachsene und sind hinsichtlich ihres Zutreffens für Kinder nicht durchgehend gesichert.

Offene Fragen:

a) Wo liegt die Bedeutung der IgE-Antwort auf Viren und Bakterien? Unterscheiden sich Asthmatiker von Normalprobanden hinsichtlich ihrer Immunantwort auf Virusinfektionen?

b) Spielen virale Infektionen bei der Induktion einer Atopie eine Rolle? Trifft dies nur für genetisch prädisponierte Kinder zu?

c) Wo liegt die Bedeutung von Infektionen in der Langzeitentwicklung eines Asthmas und in der Entwicklung von irreversiblen Atemwegobstruktionen?

d) In welcher Weise kann eine antiasthmatische Behandlung Interaktionen zwischen Infektion und Asthma beeinflussen?

Nachtrag bei Korrektur: Zur Frage der Beziehung zwischen viraler Erkrankung des Respirationstrakts und verstärkter Atemwegshyperreaktivität konnte in einer vor kurzem erschienen Arbeit [Busse WW (1989) The relationship between viral infections and onset of allergic diseases and asthma. Clin Allergy 19: 1–9] die entzündliche Komponente als besonders wichtig aufgezeigt werden. Ebenso konnte bei Allergikern durch eine experimentelle Rhinovirusinfektion sowohl eine Verstärkung der Atemwegsreaktivität als auch das Auftreten von asthmatischen Reaktionen vom verzögerten Typ nachgewiesen weden [Lemanske RF jr, Dick EC, Swenson CA, Vrtis RF, Busse WW (1989) Rhinovirus upper respiratory infection increases airway hyperreactivity and late asthmatic reactions. J Clin Invest 83: 1—10].

Literatur

1. Aquilina AT, Hall WJ, Douglas Jr RG, Utell MJ (1980) Airway reactivity in subjects with viral upper respiratory tract infections: the effects of exercise and cold air. Am Rev Respir Dis 122: 3—10
2. Burchfiel CM, Higgins MW, Keller JB, Howatt WF, Butler WJ, Higgins IT (1986) Passive smoking in childhood: respiratory conditions and pulmonary functions in Tecumseh, Michigan. Am Rev Respir Dis 133: 966—973
3. Charlton A (1984) Children's coughs related to parental smoking. Br Med J 288: 1647—1649
4. Drazen JM, Austen KF (1987) Leukotrienes and airway responses. Am Rev Respir Dis 136: 985—998
5. Duiverman EJ, Neijens HJ, van Strik R, Affourtit MJ, Kerrebijn KF (1987) Lung function and bronchial responsiveness in children who had infantile bronchiolitis. Pediatr Pulmonol 3: 38—44
6. Fielding JE, Phenow KJ (1988) Health effects of involuntary smoking. N Engl J Med 319: 1452—1460
7. Frick OL, German DF (1979) Development of allergy in children. I. Association with virus infection. J Allergy Clin Immunol 63: 228—241
8. Gurwitz D, Corey M, Levison H (1980) Pulmonary function and bronchial reactivity in children after croup. Am Rev Respir Dis 122: 95—99
9. Hargreave FE, Dolovich J, O'Byrne PM, Ramsdale EH, Daniel EE (1986) The origin of airway hyperresponsiveness. J Allergy Clin Immunol 78: 825—832
10. Kjellman N-IM, Croner S (1984) Cord blood IgE determination for allergy prediction. A follow-up to seven years of age in 1,651 children. Ann Allergy 53: 167—171

11. Kjellman N-IM (1976) Predictive value of high IgE levels in children. Acta Paediatr Scand 65: 465—470

12. König P (1987) Asthma: a pediatric pulmonary disease and a changing concept. Pediatr Pulmonol 3: 264—275

13. Martinez FD, Antognoni G, Macri F, Bonci E, Midulla F, De Castro G, Ronchetti R (1988) Parental smoking enhances bronchial responsiveness in nine-year-old children. Am Rev Respir Dis 138: 518—523

14. Mok YJQ, Simpson H (1984) Outcome for acute bronchitis, bronchiolitis and pneumonia in infancy. Arch Dis Child 59: 306—309

15. Reinhardt D, Griese M, Morgenroth K (1987) Beziehungen zwischen Infekten und Allergien bei obstruktiven Atemwegserkrankungen im Kindesalter. Monatsschr Kinderheilkd 135: 615—621

16. Strachan DP, Anderson HR, Bland JM, Peckham C (1988) Asthma as a link between chest illness in childhood and chronic cough and phlegm in young adults. Br Med J 296: 890—893

17. Teculescu DB, Pham QT, Chau N, Aubry C, Kuntz C (1988) Pulmonary function following mild respiratory tract infections ("Common cold") in teenagers. Pediatr Pulmonol 5: 198—203

18. Townley RG, Bewtra A, Wilson AF, Hopp RJ, Elston RC, Nair N, Watt GD (1986) Segregation analysis of bronchial response to methacholine inhalation challenge in families with and without asthma. J Allergy Clin Immunol 77: 101—107

19. Warner JO, Götz M, Milner T, Landau LI, Levison H, Pedersen S, Silverman M (1989) Management of paediatric asthma: an international view. Arch Dis Child (im Druck)

20. Welliver RC, Wong DT, Middleton Jr E (1982) Role of Parainfluenza virus specific IgE in pathogenesis of croup and wheezing subsequent to infection. J Pediatr 101: 889—896

21. Welliver RC (1983) Viral infections and obstructive airway disease in early life. Pediatr Clin North Am 30: 819—828

22. Williams H, McNicol KN (1981) Prevalence, natural history and relationship of wheezy bronchitis and asthma in children: an epidemiological study. Br Med J 4: 321—325

23. Woolcock A (1988) Asthma—what are the important experiments? Am Rev Respir Dis 138: 730—744

24. Zimmerman B, Feanny S, Reisman J, Hak H, Rashed N, McLaughlin FJ, Levison H (1988) Allergy in asthma. I. The dose relationship of allergy to severity of childhood asthma. J Allergy Clin Immunol 81: 63—70

Anschrift des Verfassers: Univ.-Doz. Dr. M. Götz, Universitäts-Kinderklinik Wien, Währinger Gürtel 18-20, A-1090 Wien, Österreich.

Infekt und Hyperreaktivität

W. Graninger, T. Leitha und *B. Schneeweiss*

Universitätsklinik für Chemotherapie, Wien, Österreich

Während die pathophysiologische Kausalkette, die zum klinischen Bild des Asthma bronchiale führt, noch nicht völlig geschlossen werden konnte, herrscht allgemein Einigkeit darüber, daß die bronchiale Hyperreaktivität die gemeinsame Endstrecke darstellt, über die verschiedene Mechanismen zur Atemwegobstruktion führen.

Die Entzündung der Bronchialschleimhaut gilt als ein wesentlicher Verursacher in der Pathogenese der bronchialen Hyperreaktivität [5], wobei Makrophagen und Granulozyten eine wesentliche Rolle zugeschrieben wird. Aus Makrophagen, eosinophilen und basophilen Granulozyten werden eine Fülle von Mediatoren freigesetzt, die zu einer länger anhaltenden bronchialen Reaktion führen, wobei dem Plättchen aggregierenden Faktor (PAF) eine bedeutende Rolle zukommen dürfte. Andererseits konnte von Folkerts et al. [10] im Meerschweinchenmodell gezeigt werden, daß eine endotoxininduzierte Zunahme von Neutrophilen und Monozyten in der Mukosa zu einer bronchialen Hyporeaktivität führen kann. Bei verschiedenen Erkrankungen, wie z. B. bei der chronischen Bronchitis, ist die Mukosa mit einer großen Zahl dieser Zellen infiltriert, ohne daß sich eine bronchiale Hyperreaktivität entwikkelt. Den neutrophilen Granulozyten scheint bei der Induktion der bronchialen Hyperreaktivität keine Funktion zuzukommen. Folkerts et al. [10] kamen daher zum Schluß, daß eine Anreicherung

von Entzündungszellen in den Atemwegen beim Meerschweinchen
per se zu keiner bronchialen Hyperreaktivität führt.

Ob eine veränderte Synthese spezifischer Mediatoren in Makrophagen mit einer bronchialen Hyperreaktivität korreliert, muß
jedoch offengelassen werden.

Studien [2, 4, 20, 28, 32], die sich mit dem Zusammenhang
zwischen Infekt und Asthma bronchiale auseinandersetzen, zeigten
oft unterschiedliche epidemiologische und bakteriologische Ergebnisse, da ihre Aussagen häufig auf wenig standardisierten Parametern beruhten und sie methodologisch unterschiedlich angelegt
waren. Die Koinzidenz von klinischer Verschlechterung der pulmonalen Funktion und einer vermehrten Expektoration führte zur
allgemeinen Annahme, daß respiratorische Infekte des Asthmatikers zu einer dramatischen Verschlechterung der Lungenfunktion
führen. Bei Gesunden kommt es jedoch während eines viralen Infektes lediglich zu einer passageren bronchialen Hyperreaktivität
im Histaminprovokationstest [9]. In mehreren Studien [3, 18] konnten keine signifikanten Änderungen der Lungenfunktion zwischen
Asthmatikern und Nichtasthmatikern während eines Infektes der
oberen Luftwege nachgewiesen werden. Im Histaminprovokationstest bestand bei Infektionen keine signifikant gesteigerte bronchiale
Hyperreaktivität. Bei Kindern wird der virale Infekt als Auslöser
einer permanenten bronchialen Hyperreaktivität diskutiert.

Diese oft widersprüchlichen Ergebnisse erklären sich möglicherweise dadurch, daß es von der Art des infektiösen Agens abhängt, ob sich in der Folge des Infektes eine bronchiale Hyperreaktivität ausbildet oder nicht, und ob diese nur während der
akuten Infektion besteht, oder aber auch danach anhält.

Bakterien und Hyperreaktivität

Wichtige Pathogene bakterieller Infekte der Atemwege sind: *Haemophilus influenzae*, Pneumokokken und Streptokokken der
Gruppe A und eventuell *Branhamella catarrhalis* [19, 31]. Diese
Bakterien gehören jedoch zur normalen Flora der oberen Atemwege. Sie sind nur dann als pathogen anzusehen, wenn sie in hoher

Keimzahl nachgewiesen werden und mit einer Leukozytose des Sputums einhergehen. Durch die bakteriell bedingte Entzündung soll es zu einer Herabsetzung der bronchialen Toleranzgrenze gegenüber exogenen und endogenen Reizen, also zu einer erhöhten Obstruktionsneigung, kommen. Daß eine bakterielle Infektion, die sich auf eine bronchioläre Obstruktion aufpfropft, zur Zerstörung der Schleimhaut führen kann, bleibt unbestritten. Die Frage ist nur, ob die bakterielle Infektion wirklich die Hyperreaktivität triggert. Patienten mit Bronchiektasien und zystischer Fibrose, also einer „großen bakteriellen Last", zeigen jedoch keine Hyperreaktivität in Form von Asthma bronchiale.

Ein Zusammenhang zwischen bakteriellem Infekt und Asthma erscheint nicht zuletzt dadurch fraglich, daß durch eine antibakterielle Therapie kein Einfluß auf die bronchiale Hyperreaktivität nachweisbar war. Placebokontrollierte Antibiotika-Therapiestudien, wie sie u. a. von Graham et al. [13] berichtet wurden, fanden keinen Einfluß einer antibiotischen Therapie auf den klinischen Verlauf. Neben der Kurzzeittherapie bakterieller Infekte wird häufig die langzeitige, prophylaktische Gabe eines Antibiotikums diskutiert [8]. Ein überzeugender Effekt konnte jedoch in keiner Studie erbracht werden. In einer Untersuchung [11] konnte durch die Gabe von 250 mg Tetrazyklin die Anzahl der Krankenstandtage reduziert werden, nicht jedoch die Häufigkeit von Exazerbationen. Die Studie des Medical Research Council of Great Britain [33] fand eine Abnahme der Exazerbationsfrequenz lediglich bei Patienten, die durch eine besonders hohe Rezidivhäufigkeit bereits vor Studienbeginn ausgezeichnet waren. Eine progrediente Verschlechterung der pulmonalen Funktion ließ sich durch die prophylaktische Antibiotikatherapie nicht verhindern.

Zur Prävention eines bakteriellen Infektes wurde häufig eine Immunisierung mit bakteriellen Antigenen der häufigsten Erreger oder Hyposensibilisierungen versucht. Der Nachweis der klinischen Wirksamkeit der Immunisierung steht jedoch noch aus [6].

Auch für die Annahme einer stärkeren Infektionsgefährdung von Asthmatikern gibt es keinen gesicherten Anhaltspunkt. Minor et al. [25] verglichen asthmatische Kinder mit ihren nichtasthmatischen Geschwistern und fanden keinen signifikanten Unterschied zwischen beiden Gruppen hinsichtlich der Infekthäufigkeit. Lediglich der Anteil viraler Infekte war bei Asthmatikern höher, während ihre nichtasthmatischen Geschwister häufiger bakterielle Infekte hatten.

Verschiedentlich wurde die bakterielle Sinusitis als Trigger bronchialer Hypersensitivität beim Asthmatiker angeschuldigt. Friedman et al. [12] konnten jedoch zeigen, daß die Häufigkeit bakteriell bedingter Sinusitiden bei kindlichen Asthmatikern nicht höher ist als bei Nichtasthmatikern und kein Unterschied im Keimspektrum besteht. Darüber hinaus korrelieren die aus Nase und Rachen isolierten Keime nicht immer mit den Kulturen aus den Sinus. Es gibt somit bis heute keinen sicheren Beweis, daß eine bakterielle Infektion der Atemwege eine kurzfristige oder permanente bronchiale Hyperreaktivität hervorruft.

Viren und Hyperreaktivität

Die häufigsten viralen Erreger respiratorischer Infekte sind bei Kindern unter fünf Jahren die Respiratory-Syncytial(RS-)Viren und Parainfluenza-Viren. Bei älteren Kindern und Erwachsenen spielen Rhino-, Influenza- und Adenoviren eine wesentliche Rolle [1, 14—16, 21, 27]. Da Viren in jedem Lebensalter die häufigsten Erreger respiratorischer Infekte darstellen, ist eine Unterscheidung zwischen zufälliger Koinzidenz eines viralen Infekts bei bekanntem Asthma und viralem Infekt mit nachfolgender Exazerbation des Asthmas schwierig [9].

Bei Kindern sind Asthmaanfälle in 26—42% mit viralen Infekten der Atemwege vergesellschaftet [15, 26, 30], wobei dies in bis zu 85% der Fälle während Epidemien mit dem RS-Virus beschrieben wurde [24]. Eine Exazerbation des Asthmas in der Folge viraler Infekte kann zumindest im Kindesalter als wahrscheinlich gelten. Für das Asthma im Erwachsenenalter fehlen jedoch entsprechende Beweise. Eine kürzlich erschienene Studie [1] konnte bei erwachsenen Asthmatikern einen positiven Virusnachweis nur in 10% der Fälle mit exazerbierter Erkrankung erheben, wobei der

Prozentsatz des positiven Virusnachweises bezogen auf die Fälle mit schwerer Exazerbation 36% betrug.

Die pathogenetischen Zusammenhänge zwischen viralem Infekt und einer eventuellen Exazerbation sind jedoch noch weitgehend unklar. Unter Umständen könnten virale Infekte aber eine Epithelläsion verursachen, die eine Invasion der physiologischen bakteriellen Flora ermöglicht. Dies führt, wie vorhin ausgeführt, nicht unbedingt zu einer Exazerbation des Asthmas, kann aber sehr wohl zu einer bakteriellen Bronchitis oder Pneumonie führen. Dieser Mechanismus ist für die tödlichen Verläufe im Rahmen von Influenzaepidemien bekannt, wobei die Patienten häufig an der Superinfektion mit *Staphylokokkus aureus* versterben.

Ein virusinduzierter Epitheldefekt könnte jedoch auch eine bronchiale Hyperreaktivität gegenüber reizenden Substanzen durch die Freilegung subepithelialer Nervenenden hervorrufen. Über den Einfluß des autonomen Nervensystems auf die bronchiale Hyperreaktivität gibt es derzeit nur hypothetische Vorstellungen. Vermutlich besteht ein komplexes Zusammenspiel zwischen den Mediatoren der Entzündungszellen und den von nervalen Strukturen sezernierten Neuropeptiden und Neurotransmittern. McDonald [23] fand, daß Ratten, die mit Viren infiziert wurden, eine gesteigerte Suszeptibilität gegenüber neurogenen Reizen, wie Vagusstimulation und Capsaicin-Injektion, aufwiesen. Die Empfänglichkeit gegenüber neurogenen Entzündungsreaktionen bestand weiter, nachdem die Infektion bereits ausgeheilt war. Dies bietet einen Erklärungsmechanismus für die Auslösung von Hyperreaktivität nach viralen Infektionen. Diese persistierende Hyperreaktivität ähnelt der Wirkung von PAF, dessen Inhalation zu einer lang anhaltenden Entzündungsreaktion führt und sowohl beim Asthmatiker als auch beim gesunden Probanden zum Anstieg der bronchialen Reaktivität führt. Diese erreicht nach drei Tagen ihr Maximum und hält bis zu vier Wochen an. Da PAF in vivo rasch inaktiviert wird, werden die Langzeiteffekte offenbar sekundär über inflammatorische Reaktionen aufrecht erhalten, an denen neben Neuropeptiden auch andere Stoffe, wie Substanz P, Neurochinine, Kalzitonin, Chain related peptide (CRP), beteiligt sind.

Eine kausale Therapie der viralen Atemweginfektionen ist im allgemeinen nicht möglich. Eine Ausnahme bildet die Influenza-A-Infektion, wo die Wirkung von Amantadin innerhalb von 24 Stunden nach Auftreten der Krankheitssymptome als gesichert gilt. Die Bronchiolitis durch RS-Viren spricht gut auf Ribavirin an, das als Aerosol verabreicht wird [17]. Versuchen einer Immunisierung gegen virale Erreger von Atemwegerkrankungen stehen jedoch Probleme entgegen. Die rasch wechselnde Antigenität der Erreger, die kurz andauernde Immunität und das ständigem Wandel unterworfene Erregerspektrum verhindern häufig eine wirksame Immunisierung breiter Bevölkerungsschichten. Gegenwärtig befinden sich Vakzinen gegen Influenzaviren auf dem Markt. In den USA ist überdies ein oral applizierbarer Impfstoff gegen Adenoviren im Handel. Vakzinen gegen RS- und Parainfluenzaviren sind im Entwicklungsstadium [6]. Nach einer Kostenanalyse von Infektionen der unteren Atemwege im Kindesalter schließt diese Studie [22], daß eine allgemeine Impfung gegen virale Erreger vom ökonomischen Standpunkt aus vertretbar wäre. Dies gilt jedoch nicht für das Erwachsenenalter.

Während eine virostatische Therapie derzeit noch keinen Platz in der Therapie des Asthmatikers hat, und eine Expositionsprophylaxe kaum möglich ist, bestehen Hoffnungen, daß neue Substanzen, die in die pathogenetische Kaskade nach der virusinduzierten Epithelläsion eingreifen, zu einem therapeutischen Fortschritt führen werden. PAF-Antagonisten, wie Ginkgolid B oder Triazolodiazepin WEB 2086, könnten auch zu neuen Erkenntnissen über die Wirkungsweise des Mediators führen. Ein zusätzlicher Angriffspunkt könnte auch für die Wirkung von Chromoglyzinsäure verantwortlich sein, die neben einer Stabilisierung der Mastzelle auch auf bronchiale „irritant receptors" (oder direkt auf die glatte Muskulatur der Atemwege) wirken soll.

Pilze und Hyperreaktivität

Hypersensitivitätsreaktionen gegen Schimmelpilze, wie *Aspergillus sp.* und Actinomyceten wie *Micropolyspora faeni,* sind bekannt und entstehen unabhängig von einer Infektion. Bei Kolonisation mit *Aspergillus fumigatus* und Hypersensibilität sind Steroide sogar die Therapie der Wahl. Eine Kolonisation des Bronchialbaumes mit Candida kann bei Verwendung von Steroidaerosolen auftreten, eine Zunahme der bronchialen Hyperreaktivität ist nicht bekannt, eine lokale Therapie ist in der Regel ausreichend.

Literatur

 1. Beasley R, Coleman ED, Hermon Y, Holst PE, O'Donnell TV, Tobias M (1988) Viral respiratory tract infection and exacerbations of asthma in adult patients. Thorax 43: 679—683
 2. Berry DG, Fry J, Hindley CP et al (1960) Exacerbations of chronic bronchitis: treatment with oxytetracycline. Lancet i 1: 137—139
 3. Cate TR, Roberts JS, Russ MA, Pierce JA (1973) Effects of common colds on pulmonary function. Am Rev Respir Dis 108: 858—865
 4. Chodosh S (1987) Acute bacterial exacerbations in bronchitis and asthma. Am J Med 82 [Suppl 4 A]: 154—163
 5. Clark TJH, Godfrey S (ed) Asthma, 2nd edn. Chapman & Hall, London
 6. Denny FW (1988) Childhood acute respiratory tract infections deserve our attention. Am J Public Health 78/1: 16—17
 7. Donowitz GR, Mandell GL (1984) Acute pneumonia. In: Mandell GL (ed) Principles and practice of infectious diseases. Wiley, New York, pp 489—502
 8. Elems PC, Fletcher CM, Dutton AAC (1957) Prophylactic use of oxytetracycline for exacerbations of chronic bronchitis. Br Med J 2: 1271—1275
 9. Empey DW, Laitinen LA, Jacobs L, Gold WL, Nadel JA (1976) Mechanisms of bronchial hyperreactivity in normal subjects after upper respiratory tract infection. Am Rev Respir Dis 113: 131—139
10. Folkerts G, Henricks AJ, Slootweg PJ, Nijkamp FP (1988) Endotoxin-induced inflammation and injury of the guinea pig respiratory airways cause bronchial hyporeactivity. Am Rev Respir Dis 137: 1441—1448
11. Francis RS, May JR, Spicer CC (1961) Chemotherapy of bronchitis. Br Med J 2: 979—985
12. Friedman R, Ackerman M, Wald E, Sasselbrand M, Friday G, Fireman P (1984) Asthma and bacterial sinusitis in children. J Allergy Clin Immun: 185—189
13. Graham VAL, Knowles G, Milton A, Davies R (1982) Routine antibiotics in hospital management of acute asthma. Lancet 1: 418—421

14. Hall WJ, Hall CB, Speers DM (1978) Respiratory syncytial virus infection in adults. Ann Intern Med 88: 203—205
15. Horn MEC, Brain EA, Gregg I, Inglis JM, Yelland SJ, Taylor P (1979) Respiratory viral infection and wheezy bronchitis in childhood. Thorax 34: 23—28
16. Horn MEC, Gregg I (1973) Role of viral infections and host factors in acute episode of asthma and chronic bronchitis. Chest 64: 44—48
17. Hruska JF, Bernstein JM, Douglas Jr RG et al (1980) Effects of ribavirin on respiratory syncytial virus in vitro. Pharmacol Ther 6: 770—772
18. Jenkins CR, Breslin ABX (1984) Upper respiratory tract infections and airway reactivity in normal and asthmatic subjects. Am Rev Respir Dis 130: 879—883
19. Laurenzi GA, Potter RT, Kass EH (1961) Bacteriologic flora of the lower respiratory tract. N Engl J Med 265: 1273—1278
20. Leeder SR (1975) Role of infection in the cause and course of chronic bronchitis and emphysema. J Infect Dis 131: 731—742
21. Little JW, Hall WJ, Douglas RG, Mudholkar GS, Spears DM, Patel K (1978) Airway hyperreactivity and peripheral airway dysfunction in influenza A infection. Am Rev Respir Dis 118: 295—303
22. McConnochie KM et al (1988) Lower respiratory tract illness in the first two years of life: epidemiologic patterns and cost in suburban padiatric practice. Am J Public Health 78/1: 34—39
23. McDonald M (1988) Respiratory tract infections increase susceptibility to neurogenic inflammation in the rat trachea. Am Rev Respir Dis 137: 1432—1440
24. McIntosh K, Ellis EF, Hoffman LS, Lybass TG, Eller JJ, Fulginiti VA (1983) The association of viral and bacterial respiratory infections with exacerbations on wheezing in young asthmatic children. J Paediatr 82: 578—590
25. Minor TE, Bader JW, Elliot D et al (1974) Greater frequency of viral respiratory infections in asthmatic children as compared with their non-asthmatic siblings. J Pediatr: 472—477
26. Minor TE, Dick EC, DeMea AN, Quellette JJ, Cohen M, Reed CE (1974) Viruses as precipitants of asthmatic attacks in children. JAMA 227: 292—298
27. Minor TE, Dick EC, Naker JW, Ovellette JJ, Cohen M, Reed CE (1976) Rhinovirus and influenza type A infections as precipitants of asthma. Am Rev Respir Dis 113: 149—153
28. Nicotra MB, Rivera M, Ave RJ (1982) Antibiotic therapy of acute exacerbation of chronic bronchitis. Ann Intern Med 97: 18—21
29. Petersen ES, Esmann V, Hocke P et al (1967) Value of ampicillin in the hospital treatment on chronic bronchitis: an evaluation using pulmonary function tests. Acta Med Scand 182: 293—305

30. Roldaan AC, Masural N (1984) Viral respiratory infections in asthmatic children staying in a mountain resort. Eur J Respir Dis 65: 92—98
31. Rosebury T (1962) Microorganisms indigenous to man. McGraw-Hill, New York Toronto London
32. Tager I, Speizer FE (1975) Role of infection in chronic bronchitis. N Engl J Med 92: 563—571
33. Medical Research Council (1966) Value of chemoprophylaxis and chemotherapy in chronic bronchitis. Br Med J: 1317—1322

Anschrift des Verfassers: Univ.-Doz. DDr. W. Graninger, Universitätsklinik für Chemotherapie, Lazarettgasse 14, A-1090 Wien, Österreich.

Reinigungsmechanismen und Therapieansätze der Entzündung beim hyperreagiblen Bronchialsystem

P. Dorow

I. Abteilung für Innere Medizin, Pneumologie und Kardiologie, DRK-Krankenhaus Mark Brandenburg, Berlin

Einleitung

An der Reinigung der Atemwege nehmen funktionell alle tracheobronchialen Strukturen teil: sezernierende Zellanteile und Drüsen, die den Bronchialepithel aufliegende Sekretschicht, das Flimmerepithel sowie der Hustenmechanismus. An der Entwicklung einer Entzündung der Bronchialschleimhaut sind unter anderem Mediatoren beteiligt, die mit Zielzellen reagieren. In diesem Zusammenhang wird auch eine Beeinflussung des Mukoziliarapparates diskutiert.

Reinigungsmechanismen

Der Tracheobronchialtrakt wird in 24 Stunden von mehr als 10 000 l Außenluft durchströmt. Dabei können ständig verschiedene Noxen, wie zum Beispiel Staubpartikel oder pathogene Mikroorganismen, in die Atemwege gelangen. Durch das Zusammenspiel von unspezifischen und spezifischen Abwehrmechanismen versucht die Lunge sich vor Schädigungen zu schützen.

Zu den spezifischen (immunologischen) Abwehrmechanismen gehören die antikörpervermittelten (B-lymphozytenabhängigen) immunologischen Reaktionen, Serumimmunoglobine, sekretorische Immunoglobine sowie die zellvermittelten (T-lymphozytenabhängigen) immunologischen Reaktionen, lymphokininvermittelten und direkte zelluläre Zytotoxizität.

Das Filtersystem des Respirationstraktes stellt keinen absoluten Schutz dar. Täglich gelangen schädliche Substanzen in die Atemwege und in die peripheren Lufträume und werden dort abgelagert. Die zum Abwehrsystem der Lunge zählenden unspezifischen Abwehrmechanismen entfalten ihre Wirkung durch Reinigungsmechanismen, Sekrete mit antimikrobiellen Eigenschaften und Zellen, die eine Schranke darstellen und eingedrungene Partikel aktiv phagozytieren.

Der mukoziliare Apparat gehört zu den unspezifischen Abwehrmechanismen. Das Atemwegsystem ist von der proximalen Trachea bis zu den terminalen Bronchiolen mit einem transportbefähigten Epithel ausgekleidet, das der adoralen Eliminierung von Schleim, abgestoßenen Zellbestandteilen und inhalierten Mikrofremdkörpern dient.

Durch schlagende Bewegungen der Zilien des Flimmerepithels wird eine dünne Schleimschicht ständig oralwärts gefördert. Die Anzahl der Zilien auf der Oberfläche der einzelnen Flimmerzellen beträgt etwa 200. Die Zilienschläge sind schnell und zeigen ein charakteristisches zweifasiges Schlagmuster.

Einem schnellen Vorwärtsschlag folgt eine langsame Rückwärtsbewegung, wobei die Spitzen der schlagenden Zilien in die innerste Schicht der Gelphase hineinreichen. Die Cleareffektivität der beiden mukoziliaren Komponenten — Mukus und Zilien — ist in hohem Maß von der rheologischen Beschaffenheit des Mukus abhängig.

Die erworbenen Störungen des mukoziliaren Clearsystems überwiegen die angeborenen Ursachen einer eingeschränkten mukoziliaren Clearance bei weitem. Die Aktivität der Zilien wird durch Zigarettenrauch erheblich herabgesetzt. Hyperoxie sowie Austrocknung des Tracheobronchialsystems haben ebenfalls eine Störung der Zilienmotilität zur Folge. Newhouse [6] zeigte, daß NO_2 in einer Konzentration von 9400 g/m^3 eine deutliche Abnahme der mukoziliaren Cleargeschwindigkeit hervorruft. Dabei handelt es sich jedoch um unphysiologisch hohe Konzentrationen, mit deren Auftritt normalerweise nicht zu rechnen ist. Die Auswirkung niedriger NO_2-Konzentrationen auf die mukoziliare Clearance ist unbekannt. Chemische Noxen, wie SO_2 und O_3, dürften ebenfalls zu einer Störung des mukoziliaren Clearmechanismus führen [6]. Infektiöse Noxen oder allergische Erkrankungen, die eine vermehrte Produktion von viskösem Sekret hervorrufen, können ebenfalls zu einer Mukoziliarinsuffizienz führen.

Zu den angeborenen Störungen des mukoziliaren Clearsystems sind das Kartagener-Syndrom (Trias aus Situs inversus, Sinusitis und Bronchiektasie) und die Mukoviszidose zu zählen. Bei der Mukoviszidose liegt die Produktion eines abnorm viskösen Sekrets in allen Schleimdrüsen vor. Die Folge sind mukoziliare Insuffizienz, Bronchialobstruktion, häufige Infektionen und Bronchiektasie. Als Folge einer autosomal rezessiv vererbten Störung aller Flimmerzellen sistiert beim Kartagener-Syndrom der mukoziliare Transport völlig. Betarezeptorenblocker können die mukoziliare Clearance negativ beeinflussen [2], Sympathomimetika und Methylxanthine bewirken dagegen eine Aktivierung der mukoziliaren Clearance [3, 4]. Die positiven Effekte der Betaadrenergika auf die Schlagfrequenz des Flimmerepithels sowie auf die Quantität des tracheobronchial sezernierten Mukus sind bronchobioptisch und tierexperimentell hinreichend belegt, jedoch liegen zur Frage einer möglichen zusätzlichen Einflußnahme auf die Qualität der Mukorheologie eher zurückhaltende Mitteilungen vor [1, 5]. Vermutet wird eine in dem unterschiedlichen Höhenniveau des Bronchialbaumes verschieden stark ausgeprägte Beeinflussung der schleimbildenden Drüsen, wobei sich die viskoelastischen Eigenschaften des Bronchialsekretes auf regionaler Basis ändern.

Neben der vermuteten Beeinflussung der bronchialen Drüsentätigkeit erstreckt sich das betaadrenergische Wirkprofil wahrscheinlich auch auf Vorgänge, die sich auf die Regulierung der Zellwandpermeabilität beziehen. So ließ sich ein Zusammenhang

                    P. Dorow:

zwischen einer systemischen betamimetischen Medikation und einer
Beschleunigung des aktiven transepithelialen Wasser- und Ionen-
transportes in das Bronchiallumen herstellen [1]. Dieser Effekt
könnte über eine Herabsetzung der Viskosität des Bronchialschlei-
mes dessen Fließeigenschaften begünstigen. Zusätzlich würde eine
Viskositätsreduzierung der periziliaren Sekretanteile (Solphase) die
effektiven Schlagbewegungen der Flimmerhaare erleichtern und auf
diesem Weg eine positive ziliomotorische Wirkung ausüben.

Es ist demnach nicht allein die große bronchospasmolytische
Potenz der Betaadrenergika, sondern ihre zugleich über Zilien und
Mukus vermittelte clearancefördernde Wirkung, die die Substanz-
klasse therapeutisch so wertvoll macht. Hierbei wäre es vorstellbar,
daß sich Bronchospasmolyse und Clearancestimulation in syner-
gistischerweise therapeutisch erreichen lassen.

Therapieansätze der Entzündung
beim hyperreagiblen Bronchialsystem

An der Entwicklung einer Entzündung der Bronchialschleimhaut
sind unter anderem Mediatoren beteiligt, die mit Zielzellen reagieren. In diesem Zusammenhang wird auch eine Beeinflussung des
Mukoziliarapparates diskutiert. Unter diesem Gesichtspunkt dürfte
sich eine antiinflammatorische Therapie günstig auf das Mukozi-
liarsystem auswirken.

Kortikosteroide

Kortikosteroide stimulieren die Bildung von Makrocortin, einem
Protein. Dieses Protein blockiert über eine Phospholipasehemmung
die Entstehung der Arachidonsäure aus der Zellmembran. Durch
Hemmung des Enzyms Phospholipase A_2 durch Synthese des blok-
kierenden Proteins Lipocortin können zahlreiche Folgen der primären Stimulation zum Beispiel durch Allergen verhindert werden.

Cromoglycinsäure (DNCG)

Der Wirkmechanismus von DNCG ist ungeklärt. Möglicherweise
verhindert DNCG die Mastzell-Degranulation. DNCG wirkt nicht

direkt bronchospasmolytisch oder antiinflammatorisch, es hemmt jedoch die verzögerte Sofortreaktion und damit eine für das Krankheitsgeschehen wichtige Entzündungsreaktion.

Inwieweit die Glukokortikosteroide und DNCG einen Einfluß auf den Clearmechanismus — insbesondere auf die mukoziliare Clearance — haben, ist bis heute ungeklärt.

Literatur

1. Davis B, Marin MG, Nadel JA (1975) Betaadrenergic receptor in canini tracheal epithelium. Am Rev Respir Dis 112: 57—63
2. Dorow P, Weiss T, Felix R, Schmutzler H, Schiess W (1984) Influence of Propranolol, Metoprolol and Pindolol on mucociliary clearance in patients with coronary heart disease. Respiration 45: 286—290
3. Dorow P, Schmutzler H (1983) Bronchopulmonale Funktion unter Beta-Blockade. In: Hitzenberger G, Berzewski E (Hrsg) Beta-Rezeptoren-Antagonisten in der Therapie der koronaren Herzkrankheit und der Hypertonie. Dustri-Verlag Dr. Karl Feistle, München-Deisenhofen
4. Dorow P, Weiss T, Felix R (1984) Behandlung des Asthma bronchiale. Einfluß eines Methylxanthins auf die mukoziliäre Clearance, pulmonale Verteilung inhalierter Mikropartikel und Lungenfunktion. München Med Wochenschr 126: 1024—1028
5. Melville GN, Horstmann G, Iravani J (1976) Adrenergic compounds and the respiratory tract. Respiration 33: 261—269
6. Newhouse MT, Dolovich M, Obminski J, Wolff RK (1978) Effect of TLV levels of SO_2 und H_2SO_4 on bronchial clearance in exercising man. Arch Environ Health 33: 24—32
7. Weiss T, Dorow P, Felix R (1983) Tracheobronchiale Clearance und pulmonale Aerosolverteilung bei chronisch obstruktiver Bronchialerkrankung unter beta$_2$-adrenerger Stimulation mit Reproterol. Therapiewoche 33: 4022—4028

Anschrift des Verfassers: Prof. Dr. P. Dorow, I. Abteilung für Innere Medizin, Pneumologie und Kardiologie, DRK-Krankenhaus Mark Brandenburg, Drontheimer Straße 39-40, D-1000 Berlin 65.

Therapeutische Ausblicke zur Minderung der bronchialen Hyperreaktivität

K. Lanser

Abteilung für Innere Medizin und Lungenerkrankungen,
Kreiskrankenhaus Brunsbüttel, Brunsbüttel, Bundesrepublik Deutschland

Einleitung

Therapeutische Ausblicke zur Minderung der bronchialen Hyperreaktivität müßten die Mechanismen berücksichtigen, die einer Hyperreaktivität zugrundeliegen. Sie sind gegenwärtig allenfalls in Ansätzen zu erkennen. Somit kann es heute nur gelingen, durch Betrachtung von Detailaspekten zukünftigen therapeutischen Implikationen Rechnung zu tragen.

Prädisposition

Als wesentlicher prädisponierender Faktor muß die Atopie beim allergischen Asthma bronchiale, dem häufigsten Krankheitsbild mit überempfindlichem Atemwegsystem, herausgestellt werden. Wir kennen zwar heute einige Marker der Atopie — hier sei auf die Untersuchungsergebnisse am HLA-System hingewiesen [10] —, jedoch sind wir weit davon entfernt, humangenetische Erkenntnisse klinisch-praktisch verwerten zu können.

D. Nolte weist in seinem Buch „Asthma" [40] darauf hin, daß sich aufgrund experimenteller Gesichtspunkte mögliche Therapieformen mit antiidiotypischen Antikörpern, mit monovalenten Haptenen oder durch blockierende Substanzen der Fc-Rezeptoren der Mastzellen ergeben könnten [25, 53—55].

Ätiologie

Ätiologische Faktoren der bronchialen Hyperreaktivität konnten in den letzten Jahrzehnten vielfältig erkannt und zum Teil strukturell analysiert werden. Nicht nur Reizstoffe wie der Tabakrauch für Aktiv- oder Passivraucher schädigen die Schleimhäute der Jugendlichen und Erwachsenen, sondern auch chemisch-toxische Substanzen und Allergene, die im Bereich der Hobbytätigkeit Anwendung finden, wie Zierfischfutter, Farben und Lacke, Konservierungsstoffe und Imprägniermittel. Der Kontakt mit berufsbedingten Agenzien wurde immer klarer herausgestellt.

Hier ist die gegenwärtige und zukünftige Arbeit des Arztes eindeutig zu definieren: Aufklärung, Aufklärung und nochmals Aufklärung der Bevölkerung.

Hinweise wie „Stoppt die Eltern beim Rauchen im Beisein von Kindern" können nicht ernst genug genommen werden. Einhaltung der Sicherheitsmaßnahmen am Arbeitsplatz und bei den privaten Arbeiten mit Reizstoffen ist unverzichtbar. Die wirksamste aller Methoden in der Behandlung der Ätiologie wird auch in Zukunft die Expositionsprophylaxe bleiben.

Pathophysiologie

Die intensive Forschung der letzten Jahre hat viele Erkenntnisse im pathophysiologischen Ablauf und in einer Vielzahl von diskutierbaren Teilfaktoren erbracht.

Histopathologische Untersuchungen an Bronchialgewebe von Patienten mit überempfindlichem Atemwegsystem ergaben deutliche Hinweise, daß eine Entzündungsreaktion vorliegt. Die Entzündung muß somit als ein wichtiger Faktor der bronchialen Hyperreaktivität diskutiert werden.

Entzündungszellen

Mastzellen

Mastzellen sollen durch eine immunologisch induzierte Mediatorfreisetzung die Sofortreaktion nach Allergenexposition vermitteln, für die allergische Spätreaktion sowie bei der Induktion der bronchialen Hyperreaktivität kann ihnen allenfalls eine untergeordnete Rolle zugeordnet werden.

Dinatrium Cromoglykat und Nedocromil-Natrium haben dementsprechend als vormals inaugurierte „Mastzellen-Membranstabilisatoren" die in sie gesetzten Erwartungen nicht erfüllen können. Beide Substanzen zeichnen sich jedoch durch eine hohe Spezifität der aktivierten Mediatoren-freisetzenden Zellen, d. s., solche mit F_c-Rezeptoren (F_cER^+) wie Makrophagen und Eosinophile, aus. Sie tragen damit zur Minderung einer bronchialen Hyperreagibilität intensiv bei. Die am stärksten wirksamen Stabilisatoren menschlicher Mastzellen sind die $Beta_2$-Sympathikomimetika. Sie haben jedoch keine suppressiven Eigenschaften zur Minderung der Atemwegüberempfindlichkeit [30, 32]. Demgegenüber haben die Glukokortikoide, die eine starke Potenz zur Unterdrückung der bronchialen Hyperreaktivität besitzen, keinen Effekt auf die pulmonalen Mastzellen des Menschen [49]. Da somit die Mastzellen bei der bronchialen Hyperreaktivität keine Funktion haben, sind Gedanken an eine diesbezügliche Therapie gegenwärtig nicht erfolgversprechend.

Alveolarmakrophagen

Auch die Alveolarmakrophagen können durch IgE-abhängige Mechanismen aktiviert werden [29]. Sie setzen Mediatoren frei und wirken chemotaktisch auf eosinophile und neutrophile Granulozyten [23, 26]. Im Unterschied zu den Mastzellen wird die Mediatorfreisetzung aus Alveolarmakrophagen durch Kortikosteroide gehemmt [20].

Eosinophile Leukozyten

Die Infiltration der Atemwege von Asthmatikern mit eosinophilen Leukozyten ist charakteristisch und stellt ein wichtiges Unterscheidungsmerkmal gegenüber anderen Entzündungsvorgängen in der Lunge dar [52]. Der Anstieg der Eosinophilenanzahl im Blut korrliert mit der bronchialen Hyperreaktiviät bei Patienten mit asthmatischen Spätreaktionen [14]. Durch Sekretion oder durch Autolyse werden aus eosinophilen Zellen die verschiedensten Mediatoren freigesetzt [18]. Major-basic-Protein (MBP) und eosinophiles kationisches Protein (ECP) wirken zytotoxisch auf das Atemwegepithel und können somit auch für den charakteristischen Epithelschaden beim Asthma verantwortlich gemacht werden [22, 33]. Weitere Mediatoren, wie Leukotrien C 4 und plättchenaktivierender Faktor (PAF) bewirken eine Bronchokonstriktion sowie eine Permeabilitätssteigerung von Kapillaren, die noch zur Obstruktion der kleinen Atemwege zusätzlich beiträgt [44].

Eosinophile Leukozyten reagieren direkt auf Beta-Sympathikomimetika und Glukokortikoide [31, 42, 50]. Insbesondere in die Atemwege applizierte Kortikosteroide führen durch Verminderung der Eosinophilenanzahl zur Reparation des geschädigten Atemwegepithels und sekundär zur Dämpfung der bronchialen Hyperreaktivität.

Neutrophile Leukozyten

Bei Vorliegen einer bronchialen Hyperreaktivität wurde auch eine Infiltration mit neutrophilen Leukozyten beobachtet [11, 39, 43]. Deren Funktion im hyperreaktiven Zustand des Asthma bronchiale kann jedoch heute nicht sicher beurteilt werden, so daß sich diesbezüglich gegenwärtig keine spezifischen Therapieansätze für die Zukunft erkennen lassen.

Thrombozyten

Eine pathophysiologisch wichtige Funktion für Blutplättchen beim Asthma wird postuliert [35, 37]. Der Mechanismus ist noch nicht geklärt. Er kann aber ebenfalls auf die Freisetzung von Mediatoren und dem PAF beruhen. Die Plättchen können durch IgE-abhängige Mechanismen direkt aktiviert werden [28]. Es bleibt noch zu prüfen, ob sich beim Menschen im Einzelfall hinsichtlich einer gestörten Thrombozytenfunktion Behandlungsmöglichkeiten beim überempfindlichen Atemwegsystem ergeben.

Entzündungsmediatoren

Mediatoren, wie Histamin, Serotonin, Prostaglandine, Leukotriene, Neuropeptide und der PAF, können Einfluß auf die Weite der Atemwege, die mikrovaskuläre Permeabilität und die Mukusproduktion nehmen und wirken zum Teil chemotaktisch auf Entzündungszellen [8]. Es ist möglich, daß aus der Interaktion der Mediatoren ein Anstieg der bronchialen Reagibilität resultiert [3, 13].

Prostaglandin D2 potenziert via Aktivierung von Thromboxanrezeptoren die durch Histamin und cholinergische Agonisten bei Asthmatikern ausgelöste Bronchokonstriktion [21]. Der Effekt ist nur kurzzeitig und kann den langanhaltenden Reaktivitätszustand beim Asthma nicht erklären. Fujimura et al. haben trotzdem beobachten können, daß ein Thromboxansynthese-Inhibitor OKY-046 die bronchiale Reaktivität deutlich verminderte [19].

Der gegenwärtig einzig bekannte Mediator, der eine länger anhaltende Erhöhung der bronchialen Reaktivität auslösen kann, ist der PAF.

Plättchenaktivierender Faktor (PAF)

Der PAF wird durch die Wirkung einer Phospholipase A2 durch Membran-Phospholipide gebildet [5]. Gelangt der PAF in das Atemwegsystem, so wird nicht nur eine akute Bronchokonstriktion ausgelöst, sondern auch die bronchiale Ansprechbarkeit bei Gesunden erhöht [12, 47, 48]. Weiterhin bewirkt der PAF eine Akkumulation eosinophiler Zellen in der Lunge [34].

Zusätzlich bewirkt der PAF eine Verminderung der Anzahl der Beta-Rezeptoren, und es wird spekuliert, daß durch den PAF infolge eines direkten Effektes auf die Beta-Rezeptoren die bronchiale Hyperreaktivität aggraviert wird [1].

Es sind heute mehrere Inhibitoren des plättchenaktivierenden Faktors in der Erprobung. Sie sollen die akute Bronchokonstriktion nach Allergenexposition vermindern [24, 51]. D. Nolte [41] hat ausgeführt, daß die beiden wichtigsten PAF-Antagonisten Ginkgolid B aus *Ginkgo biloba* und Kadsureon aus *Piper Futokoedsura* als Volksmedizin seit der Therapie im alten China eingesetzt wurde. Inwieweit jedoch diese PAF-Antagonisten beim Asthma des Menschen eingesetzt werden können, kann noch nicht abgeschätzt werden [41].

Epithelzellen

Barnes et al. konnten zeigen, daß es nach Entfernung des Bronchialepithels zu einer erhöhten Reaktivität der Atemwegmuskulatur kommt [4]. Somit wird gefolgert, daß aus den Epithelzellen der Atemwege eine die Atemwegmuskulatur relaxierende Substanz freigesetzt wird.

Ein direkter Nachweis des postulierten Epithelium-derived relaxing factors ist bisher noch nicht gelungen [4, 16, 17]. Eine Schädigung der Bronchialepithelzellen und damit der konsekutive Verlust des Epithelium-derived relaxing factors würde ebenso wie der Bruch der Endothelbrücken mit Ausbildung sogenannter „leaky junctions" zur erhöhten konstriktorischen Reaktivität der Atemwege führen.

Die Freilegung sensorischer Nervenendigungen infolge der Epithelschädigung kann bei Ausbreitung einer Entzündung zu der Aktivierung eines monosynaptischen Axonreflexmechanismus führen [7].

Der wichtigste therapeutische Aspekt bleibt auch in der Zukunft die Vermeidung des Epithelschadens durch Vorsorgemaßnahmen und wegen ihrer hohen Wirksamkeit der Gebrauch der inhalierbaren Glukokortikoide.

Nervale Mechanismen

Als weitere Möglichkeit für die Potenzierung der bronchialen Reaktivität sind Störungen der nervalen Abläufe zu diskutieren. Diese sind aber allenfalls als sekundäre Ereignisse zu verstehen [8]. Hierfür spricht, daß Anticholinergika beim überempfindlichen Atemwegsystem weniger wirksam sind als Beta$_2$-Sympathikomimetika [6, 8]. Es sollen jedoch sogenannte cholinerge Autorezeptoren im parasympathischen Nervengeflecht menschlicher Atemwege nachgewiesen worden sein [36]. Somit könnte sich in Zukunft die Behandlung des Asthma bronchiale mit Parasympatholytika unter dem Licht dieser Erkenntnisse neu beschreiben lassen.

Alpha-Rezeptoren konnten bei histologischen Untersuchungen der Atemwege nicht nachgewiesen werden. Trotz der vereinzelten

Berichte über positive Wirkungen von alpha-rezeptorblockierenden Substanzen von Asthma bronchiale bleibt es somit zweifelhaft, ob diese Therapieform zukünftig in die Behandlung weitergehend Einzug halten kann [2].

Ein postulierter Defekt der Beta-Rezeptoren beim Asthma bronchiale erscheint nach neueren Untersuchungen immer weniger wahrscheinlich [6, 8]. Allerdings sollen aus Alveolarmakrophagen freigesetzte Sauerstoffradikale die beta-rezeptorvermittelte Wirkung an den Atemwegen supprimieren [15]. Die Behandlung mit Beta$_2$-Sympathikomimetika führt nicht zu einer Verminderung der bronchialen Hyperreaktivität, und auch die Therapie mit Medikamenten mit antioxidativer Wirkung, wie das N-Acetylcystein, muß für die Langzeitbehandlung gegenwärtig noch mit Skepsis betrachtet werden [45, 46].

In den letzten zehn Jahren wurde die Existenz einer nichtadrenergischen, nichtcholinergischen Nervenregulation am Bronchialsystem nachgewiesen [8]. Die nervalen Transmitter konnten noch nicht eindeutig identifiziert werden, obwohl vieles für die Bedeutung von Neuropeptiden spricht. Das Neuropeptid VIP (vasoaktives intestinales Peptid) ist als wirksamste endogene bronchodilatatorische Substanz bekannt. Aber auch sensorische Neuropeptide, wie Substanz P, Peptide histidine isoleucine (PHI), Peptide histidine methionine (PHM), Calcitonine gene-related peptide (CGRP), Gastrin-releasing peptide (GRP), Neuropeptide Y und Galanin sollen möglicherweise in das pathophysiologische Geschehen der Induktion und Perpetuierung eines überempfindlichen Atemwegsystems eingreifen. Es wäre verfrüht, hierin schon Erweiterungsmöglichkeiten der Therapie zu suchen [8].

Das die C-Faserenden erregende Bradykinin ist ebenfalls ein wirksamer Konstriktor bei Patienten mit Asthma bronchiale, Atemwege Gesunder sollen jedoch nicht verengt werden. Dem Dinatrium cromoglicicum und Nedocromil werden eine präventive Wirkung gegenüber dem Effekt des Bradykinins zugeordnet [27].

Weitere Therapieansätze

Erste zukunftweisende Ergebnisse in der Therapie liegen auch aus dem Bereich der Interleukine und Interferone beim hyperreagiblen

Bronchialsystem vor. Es kann jedoch auch hier gegenwärtig noch nicht abgeschätzt werden, ob sich diesbezüglich klinisch-praktisch verwertbare Möglichkeiten in Zukunft aus diesen Erkenntnissen ableiten werden.

Letztendlich muß auch Therapien unser Augenmerk geschenkt werden, die in der Behandlung anderer internistischer Erkrankungen Erfolg zeigen konnten. So haben D. I. Bernstein et al. über die Behandlung des überempfindlichen Atemwegsystems mit Auranofin berichtet [9]. Auranofin ist ein Cold-compound, welches in der oralen Behandlung der rheumatischen Arthritis mit Erfolg angewandt wurde. Das Auranofin hemmt die Aktivität von antikörperbildenden Zellen und unterdrückt die Produktion von Antikörpern, es hemmt die Histaminfreisetzung aus basophilen Zellen und die Freisetzung von Leukotrienen. In einer ersten Studie konnte gezeigt werden, daß auch beim steroidabhängigen Asthma bronchiale die bronchiale Hyperreaktivität durch eine Auranofin-Begleittherapie deutlich gesenkt wird. Hierüber ist jedoch noch kein endgültiges Urteil zu fällen.

Wie beim Auranofin ist auch der Therapieversuch mit dem Zytostatikum Methrotrexat noch unbestimmt in seiner Aussage, ob hierdurch langfristig die bronchiale Hyperreaktivität vermindert werden kann [38].

Schluß

Die hochspezialisierte Forschung, insbesondere über die Grundlagen der Atopie, Ätiologie und der pathophysiologischen Interaktionen zwischen morphologischen Gegebenheiten und Mediatoren muß noch zur weiteren Erleuchtung therapeutischer Möglichkeiten beitragen. Der analytisch denkende Kliniker wird gemeinsam mit dem problemorientierten Patienten der Korrektor in praxi bleiben. Einige Therapien der Gegenwart werden sicherlich Bestand haben, so die Beta-Sympathikomimetika und die Glukokortikoide. Erst kürzlich eingeführte neue Medikamente werden noch zukünftig in der Langzeitbehandlung beweisen müssen, welche Potenz sie bei der Suppression der bronchialen Hyperreaktivität aufzuweisen haben.

Der wichtigste Therapiebestandteil wird jedoch immer die Expositionsprophylaxe bleiben.

Literatur

1. Agrawal DK, Townley G (1987) Effect of platelet-activating factor on beta-adrenoceptors in human lung. Biochem Biophys Res Commun 143: 1
2. Barnes PJ, Dollery CT, MacDermot J (1980) Increased pulmonary α-adrenergic and reduced β-adrenergic receptors in experimental asthma. Nature 285: 569
3. Barnes PJ, Piper NC, Costello JF (1984) Actions of inhaled leukotrienes and their interactions with other allergic mediators. Prostaglandins 28: 629
4. Barnes PJ, Cuss FMC, Palmer JBD (1985) The effect of airway epithelium on smooth muscle contractility in bovine trachea. Br J Pharmacol 86: 685
5. Barnes PJ, Chung KF, Pages CP (1988) Platelet-activating factor as a mediator of allergic disease. J Allergy Clin Immunol 81: 919
6. Barnes PJ (1986) Airway inflammation and autonomic control. Eur J Respir Dis 69: 80
7. Barnes PJ (1986) Asthma as an axon reflex. Lancet i: 242
8. Barnes PJ (1986) Neural control of human airways in health and disease. Am Rev Respir Dis 134: 1289
9. Bernstein DI, Bernstein IL, Bodenheimer SS, Pietrusko RG (1988) An open study of Auranofin in the treatment of steroid-dependent asthma. J Allergy Clin Immunol 81: 6
10. Bias WB, Marsh DG, Platts-Mills TAE (1978) Genetic control of factors involved in bronchial asthma, hay fever, and other allergic states. In: Litwin SD (Hg) Genetic determinants of pulmonary disease. Marcel Dekker, New York, pp 127
11. Buchanan DR, Cromwell O, Kay AB (1987) Neutrophil chemotactic activity in acute severe asthma (status asthmaticus). Am Rev Respir Dis 136: 1397
12. Cuss FMC, Dixon CMS, Barnes PJ (1986) Effects of inhaled platelet activating factor on pulmonary function and bronchial responsiveness in man. Lancet ii: 189
13. Dahlen SE, Kumlin M, Granström E, Hedqvist P (1986) Leukotrienes and other eicosanoids as mediators of airway obstruction. Respiration 50: 22
14. Durham SR, Kay AB (1985) Eosinophils, bronchial hyperreactivity and late-phase asthmatic reactions. Clin Allergy 15: 411

15. Engels R, Oosting RS, Nijkamp FP (1985) Pulmonary macrophages induce deterioration of guinea-pig tracheal β-adrenergic function through release of oxygen radicals. Eur J Pharmacol 111: 143
16. Farmer SG (1987) Airway smooth muscle responsiveness: modulation by the epithelium. Trends Pharmacol Sci 8: 8
17. Flavahan NA, Aarhus LL, Rimele TJ, Vanhoutte PM (1985) Respiratory epithelium inhibits bronchial smooth muscle tone. J Appl Physiol 58: 834
18. Frigas E, Gleich GJ (1986) The eosinophil and the pathophysiology of asthma. J Allergy Clin Immunol 77: 527
19. Fujimura M, Sasaki F, Nakatsumi Y, Takahashi Y, Hifumi S, Taga K, Mifune JI, Tanaka T, Matsuda T (1986) Effects of a thromboxane synthetase inhibitor (OKY-046) and a lipoxygenase inhibitor (AA-861) on bronchial responsiveness to acetylcholine in asthmatic subjects. Thorax 41: 955
20. Fuller RW, Kelsey CR, Cole PJ, Dollery CT, MacDermot J (1984) Dexamethasone inhibits the production of thromboxane B 2 and leucotriene B 4 by human alveolar and peritoneal macrophages in culture. Clin Sci 67: 653
21. Fuller RW, Dixon CMS, Dollery CT, Barnes PJ (1986) Prostaglandin D 2 potentiates airway responsiveness to histamine and methacholine. Am Rev Respir Dis 133: 252
22. Gleich GJ, Frigas E, Loegering DA, Wassom DL, Steinmuller D (1979) Cytotoxic properties of the eosinophil major basic protein. J Immunol 123: 2925
23. Gosset P, Tonnel AB, Joseph M, Prin L, Mallart A, Charon J, Capron A (1984) Secretion of a chemotactic factor for neutrophils and eosinophils by alveolar macrophages from asthmatic patients. J Allergy Clin Immunol 74: 827
24. Guinot P, Brambilla C, Duchier J, Braquet P, Bonvoisin B, Cournot A (1987) Effect of BN 52063, a specific PAF-acether antagonist, on bronchial provocation test to allergens in asthmatic patients-A preliminary study. Prostaglandins 34: 723
25. Hamburger RN (1975) Peptide inhibition of Prausnitz-Küstner reaction. Science 189: 389
26. Hunninghake GW, Gallin JI, Fauci AS (1978) Immunologic reactivity of the lung. The in vivo and in vitro generation of a neutrophil chemotactic factor by alveolar macrophages. Am Rev Respir Dis 117: 15
27. Jackson DM, Eady RP, Farmer JB (1986) The effect of nedocromil sodium on non-specific bronchial hyperreactivity in the dog. Eur J Respir Dis 69: 217
28. Joseph M, Auriault C, Capron A, Vorng H, Viens P (1983) A new function for platelets: IgE-dependent killing of schistosomes. Nature 303: 810

29. Joseph M, Tonnel AB, Torpier G, Capron A, Arnoux B, Benveniste J (1983) Involvement of immunoglobulin E in the secretory processes of alveolar macrophages from asthmatic patients. J Clin Invest 71: 221

30. Kerrebijn KF, van Essen-Zandvliet EEM, Neijens HJ (1987) Effect of long-term treatment with inhaled corticosteroids and beta-agonists on the bronchial responsiveness in children with asthma. J Allergy Clin Immunol 79: 653

31. Koch-Weser J (1968) Beta adrenergic blockade and circulating eosinophils. Arch Intern Med 121: 255

32. Kraan J, Koeter GH, v. d. Mark TW, Sluiter HJ, de Vries K (1985) Changes in bronchial hyperreactivity induced by 4 weeks treatment with antiasthmatic drugs in patients with allergic asthma: A comparison between budesonide and terbutaline. J Allergy Clin Immunol 76: 628

33. Laitinen LA, Heino M, Laitinen A, Kava T, Haahtela T (1985) Damage of the airway epithelium and bronchial reactivity in patients with asthma. Am Rev Respir Dis 131: 599

34. Lellouch-Tubiana A, Lefort J, Pirotzky E, Vargaftig BB, Pfister A (1985) Ultrastructural evidence for extravascular platelet recruitment in the lung upon intravenous injection of platelet-activating factor (PAF-acether) to guinea-pigs. Br J Exp Pathol 66: 345

35. Mazzoni L, Morley J, Page CP, Sanjar S (1985) Induction of airway hyperreactivity by platelet activating factor in the guinea-pig. J Physiol 365: 107

36. Minette P, Barnes PJ (1987) Inhibitory receptors on cholinergic nerves to human and guinea-pig airways. Am Rev Respir Dis 135: 96

37. Morley J, Sanjar S, Page CP (1984) The platelet in asthma. Lancet ii: 1142

38. Mullarkey MF, Blumenstein BA, Andrade WP, Bailey GA, Olason I, Wetzel CE (1988) Methotrexate in the treatment of corticosteroid-dependent asthma. N Engl J Med 318: 603

39. Murlas CG, Roum JH (1985) Sequence of pathologic changes in the airway mucose of guinea-pigs during ozone-induced bronchial hyperreactivity. Am Rev Respir Dis 131: 314

40. Nolte D (1984) Asthma — Das Krankheitsbild, der Asthmapatient, die Therapie, 2. Aufl. Urban & Schwarzenberg, München

41. Nolte D (1988) Bronchiale Hyperreaktivität: Pingpong zwischen Zellen, Nerven und Mediatoren. Med Klin 83: 149

42. Ohman JL, Lawrence M, Lowell FC (1972) Effect of propranolol on the eosinopenic responses of cortisol, isoproterenol, and aminophylline. J Allergy Clin Immunol 50: 151

43. O'Byrne PM, Walters EH, Gold BD, Aizawa HA, Fabbri LM, Alpert

144   K. Lanser

  SE, Nadel JA, Holtzman MJ (1984) Neutrophil depletion inhibits airway hyperresponsiveness induced by ozone exposure. Am Rev Respir Dis 130: 214
44. Persson CGA, Svensjö E (1983) Airway hyperreactivity and microvascular permeability to large molecules. Eur J Respir Dis 64: 183
45. Postma DS, Renkema TEJ, Noordhoek JA, Faber H, Sluiter HJ, Kauffman H (1988) Association between nonspecific bronchial hyperreactivity and superoxide anion production by polymorphonuclear leucocytes in chronic air-flow obstruction. Am Rev Respir Dis 137: 57
46. Proc Intern Symposium, Amsterdam (1986) Inflammation: its clinical relevance in airway diseases. Eur J Respir Dis 69
47. Rubin AE, Smith LJ, Patterson R (1986) Effect of platelet activating factor (PAF) on normal human airways. Am Rev Respir Dis 133: 91
48. Rubin AH, Smith LJ, Patterson R (1987) The bronchoconstrictor properties of platelet-activating factor in humans. Am Rev Respir Dis 136: 1145
49. Schleimer RP, Schulman ES, MacGlashan DW, Peters SP, Hayes EC, Adams III GK, Lichtenstein LM, Adkinson NF (1983) Effect of dexamethasone on mediator release from human lung fragments and purified human lung mast cells. J Clin Invest 71: 1830
50. Schwartz HJ, Lowell FC, Melby JC (1968) Steroid resistance in bronchial asthma. Ann Intern Med 69: 493
51. Touvay C, Coyle A, Vilain B, Page CP, Braquet P (1989) Effect of BN 52021 on antigen-induced bronchial hyperreactivity in guinea-pigs. Fed Proc (in press)
52. Wardlaw AJ, Dunnette S, Gleich GJ, Collins JV, Kay AB (1988) Eosinophils and mast cells in bronchoalveolar lavage in subjects with mild asthma. Am Rev Respir Dis 137: 62
53. Weck de AL, Girard JP (1972) Specific inhibition of allergic reactions to penicillin by a monovalent hapten. Arch Allergy Appl Immunol 42: 798
54. Weck de AL (1981) Regulation of IgE response by antiidiotypes and adjuvants. In: Ring J, Burg G (Hg) New trends in allergy. Springer, Berlin Heidelberg New York, pp 288
55. Weck AL de (1983) Manipulation of the immune system: dream or reality? 12. Europ. Allergiekongreß, Roma, Italien

Anschrift des Verfassers: Prof. Dr. K. Lanser, Kreiskrankenhaus Brunsbüttel, Abteilung für Innere Medizin und Lungenerkrankungen, Delbrückstraße 2, D-2212 Brunsbüttel, Bundesrepublik Deutschland.

Wir haben zwar nicht das Rad erfunden ...
Intal
20 mg Kapseln
Pulver zur Einatmung
30/100 Stück kassenfrei
20 mg Ampullen
zur Feuchtinhalation
48 Stück kassenfrei
für Kinder bis 14 Jahre
Zusammensetzung:
Jede Kapsel enthält 20 mg Cromoglicinsäure-Dinatriumsalz.
Eine Brechampulle zu 2 ml enthält 20 mg Cromoglicinsäure-Dinatriumsalz in wäßriger Lösung.
Anwendungsgebiete:
Intal dient der vorbeugenden Behandlung asthmatischer Beschwerden: Asthma bronchiale (allergisches Asthma und nichtallergische, endogene Asthmaformen, ausgelöst durch Belastung, Streß oder Infekt), Asthmoide Bronchitis. Allergische Bronchitis.
Intal ist nicht zur Behandlung des akuten Asthmaanfalls geeignet.
Gegenanzeigen:
Obwohl bisher keine Anhaltspunkte für embryotoxische oder teratogene Wirkungen vorliegen, sollte die Anwendung von Intal während des ersten Trimenon und während der Stillzeit möglichst vermieden werden.
Weitere Angaben zu Nebenwirkungen, Wechselwirkungen, Gewöhnungseffekten und zu den besonderen Warnhinweisen zur sicheren Anwendung sind der »Austria-Codex-Fachinformation« zu entnehmen.
FISONS
Austria
FISONS Ges.m.b.H.
Beethovengasse 3
A-1090 Wien